JN256734

海辺に学ぶ

環境教育とソーシャル・ラーニング

川辺みどり――［著］

東京大学出版会

Learning on the Coast:
From Environmental Education to Social Learning
Midori KAWABE
University of Tokyo Press, 2017
ISBN 978-4-13-063365-9

はじめに——海辺に思う

「海辺」と聞いて思い浮かぶ風景を描いてください。

ワークショップの始まりに、こんなお題を出したことがある。

参加者は三〇人くらい、それぞれの前にA３判白紙一枚と八色のマジックペンが置いてある。絵を描き終えたら、同じテーブルに座っている数人でたがいに見せ合い説明し合う、そういうグループワークだ。

参加した方々は思い思いの海辺を描き語ってくれた。

干潟の保護活動をしているMさんの海辺は、ときどき自然観察会を開く東京湾奥部の干潟。砂浜のあちこちに小さなカニや二枚貝やゴカイがいて、渡りの時期で飛来したシギ・チドリたちがそれらをねらっている。

ダイビングが好きなTさんの海辺は、石垣島の青い海。サンゴ礁のまわりを色とりどりの魚とともにご本人が泳いでいる。仕事が忙しくてなかなか行けないんだけどね、とつけ加えていた。

大学生のS君の海辺は、北陸の実家近くの海岸。帰省するとかならず、犬を連れて散歩するという。絵のなかのS君と犬は並んで背中を向けて座り、星空を眺めながら波の音を聴いていた。描いていただいたのは、それぞれの心のなかにある、とびきりの海辺の風景だ。たとえこれほど印象深い思い出がなくとも、

波がのんびりのたうつ、春の海。
烈しい日差しに波がきらめく、夏の海。
人影なく寂しげな、秋の海。
波しぶきも荒々しい、冬の海。
そして、それぞれの季節においしい旬の魚介類をもたらしてくれる、ゆたかな海。

四季鮮やかな日本列島に暮らしていれば、こんな海辺がすぐに思い浮かぶのではないだろうか。ただし、私たちが共有する海辺の記憶は、けっして明るいもの楽しいものばかりではない。たとえば、一九六〇年代の高度経済成長をつくりだした臨海工業地帯。工場がたれ流したさまざまな物質は、生きものがすめない海をつくりだし、海辺に暮らす人びとの健康と暮らしを大きく蝕んだ。あるいは、一九九〇年代のオイルタンカーの座礁事故や湾岸戦争による油濁。テレビや新聞で報道された、重油にまっ黒にまみれた海鳥や海生哺乳類の姿を記憶されている方も少なくないのではない

だろうか。
そして、二〇一一年三月一一日の東日本大震災。陸地を滑るように侵しながら、あらゆるものを飲み込んでいく津波と、残された海辺の町のかわりはてた様子は、忘れられない。

海は大きくはかり知れない。私たちはその大きさに甘え、いろいろなものを流しては、しっぺ返しを受けたりする。そして、ときに海は、その圧倒的な力の矛先を人の暮らしに向けたりする。そこで私たちは、海岸に防波堤を築き消波ブロックを置いて、命や財産を守ろうとするし、さらには陸から海が見えなくなるほど大きな壁——防潮堤——をつくろうとしたりもする。

けれど、見えないからといって壁の向こうで海の力が削がれているわけではない。海はいつでもそこにある。そして、たとえ壁を築き、海を暮らしから遠ざけようとも、やはり人は海に船を出し、漁を営み、物を運んで、いろいろな海の恵みを受けながら生きる。人は海と断絶されては生きていけないのだ。

だから、私たちは、海を見えないようにするよりも、海を眺めながら、海のゆたかさをどう享受し、その猛々しさにどう対処するのかを、みんなで考えるほうがよい。

水俣では、あの、毒々しい汚染がもたらした苦しみを受けた被害者がチッソに対して起こした訴訟を支援するために心ある人びとが研究会を結成し、資料を収集してきびしい議論を交わし、論拠を固めて企業の責任を追及した。一九九七年に福井県沖で起きたナホトカ号油濁事故では、地元住民はもちろんのこと、全国各地からたくさんの人びとが現地を訪れ、流出した重油を回収する作業に参加した。このことは、災害時のボランティア支援が日本社会に定着する、ひとつの契機となった。東日本大震災で大きな打撃を受けた東北地方太平洋沿岸のあらゆる共同体は、ときに外部の人びともまじえて、話し合い、試行錯誤しながら、それぞれの復興の途を模索し続けている。

人びとが、知識と情報をわかち合い、話し合い、アイディアを出し合いながら、背負った課題に対する答えを探っていく過程は「ソーシャル・ラーニング（社会的な学び）」と呼ばれる。人が自然資源や環境を保全しながら利用していくうえで、もっとも大切なこと＝根幹として、今や広く認識されている事柄である。

この本では、海辺、すなわち沿岸域をめぐる、ソーシャル・ラーニングの技法を紹介している。

前半（第1～3章）では、これからの沿岸域の利用と保全を考える出発点として、沿岸域の開発の経緯と現在の状況、持続的利用のための沿岸域管理の必要性と課題について整理する。

「第1章　海辺を眺める――日本の沿岸域」では、海辺が戦後どのような経緯を経て今の姿へといたったのかについて、水質と埋め立て、そして沿岸漁業という三題噺を通して俯瞰する。「第2章　海辺を計る――ミレニアム生態系評価と生態系サービス」では、近年用いられている「生態系サービス」という用語をもって沿岸域の価値を表現しながら、世界の沿岸域の状況を俯瞰し、沿岸域の生態系サービスの劣化を抑制するために、これもまた近年さかんにいわれている「生態系サービスへの支払い」の考えかたと社会における実施の課題について述べる。そして、「第3章　海辺に協《かな》う――管理と対話」では、コモンズ論を引き合いに出して、生態系サービスを維持するための二つの対話——〈自然と人との対話〉と〈人と人との対話〉——からなる、沿岸域管理のありかたについて述べる。

後半（第4～9章）では、沿岸域の学び合い、ソーシャル・ラーニングの技法を具体的な事例をもってお見せしたい。したがって、沿岸域についてすでによくご存じの方は、前半は飛ばして、この第4章からご覧いただきたい。

「第4章　海辺を訪《おとな》う——地域のパートナー」では、大学の研究者たちが地域で活動を始めようと大田区と港区の地域の門戸をたたいたときの体験から、地域の人びととともに活動を始めるにあたっての教訓を引き出している。「第5章　海辺で学ぶ——環境教育の実践」では、環境教育を生業《なりわい》とするインタープリターたちと研究者たちとが協働して葛西海浜公園で開催した海の環境教育プログラムを紹介し、協働によるプログラムの充実ぶりと、それでもなお残る課題を示す。「第6章　海辺を語る——おさかなカフェの試み」では、異なる分野の海の専門家——研究者と漁業者——と市民が、対話を通して新たな知識をつくりだす「おさかなカフェ」の意義と課題を考える。

「第7章　海辺を繙《ひもと》く——経験から学ぶこと」では、沿岸域の資源環境をめぐるコンフリクトへの対処のしかたを協働的に学ぶ手段として、経営学や法学などの専門教育で用いられる「ケース・メソッド」を紹介する。「第8章　海辺に問う——みんなで考える海の課題」では、二〇一一年三月の福島第一原子力発電所事故による海の放射能汚染以降の、福島県の水産業にかかわる人びとの復興への取り組みを紹介し、人びとが共同体に課せられた問題についてともに考えることの意義を惟《おも》う。そして、最終章「第9章　海辺に食《は》む――緑のさかな」では、資源環境保全に心を砕く生産者を支えるべく流通業者と消費者とが協働して構築・運営するフードシステム「緑のさかな」を、沿岸域管理への参加のひとつのありかたとして紹介したい。

もしこの本に書いたことが、教育や研究機関のアウトリーチ活動や、市民活動やインタープリターとして環境教育活動を、沿岸域の利用管理の参加へと展開させていくうえでのヒントとなれば、あるいは、沿岸域の管理――河川管理、海岸管理、漁業資源管理、海域管理、環境保護といろいろ考えられるのだが――の実務で、さまざまな海辺のステークホルダーとの協働を進めるための後押しとなれば、とてもうれしい。

海辺に学ぶ／目次

海辺に学ぶ

第1章——海辺を眺める——日本の沿岸域

1　沿岸域の環境

海辺に学ぶ、そのはじめに、今の日本の海辺の様子を眺めてみよう。

本書では、海岸をはさんだ海域と陸域の空間、沿岸域をおおまかに「海辺」と想定している。沿岸域は海岸から何キロメートルとかいうように距離が決まっているわけではなく、そのときどきのあつかう問題に応じて空間範囲が決まる。海に向かって沿岸漁業が営まれている漁場の範囲をさすこともあるし、あるいは排他的経済水域二〇〇海里までを含めて沿岸海域と呼ぶこともある。陸のほうも、海岸から数百メートル程度を念頭に置くときもあれば、山から海に流れ込む河川の流域全体を沿岸陸域と考えるときもある。

沿岸域は、一般に、内陸に比べて人口密度が高い。水にめぐまれ、動植物などの自然資源が豊富にあって、水運も使えたからである。だが、人が多く集まれば集まるほど、自然環境や生態系は人間の活動から圧力――いろいろな物質の排出による汚染や海岸改変や資源乱獲など――を受ける。そのうえ、大勢の人びとがそれぞれの意図や目的をもって資源や環境を利用しようとするものだから、沿岸域では資源や環境をめぐるあつれきが起きやすくなる。公害はその最たるものである。今から五〇年ほど前に撮られた高度経済成長期の工業地域の映像には、並び立つ工場の煙突からモクモクと吐き出される煙が空を覆い、排水口からドロドロと流れ出る液体が川や海に溜まりゆく様子が映し出されていたりする。化学物質や重金属による汚染のために、海の生きものはへい死し、鳥は空から姿を消し、住民の健康は脅かされた。

幸いにして、今の日本で、これほどの環境汚染は、おそらくもう起こることはない。私が勤務する大学は、東京・品川の埋立地、高浜《たかはま》運河にかかる御楯橋《みたてばし》を渡った先にある。ここから東京湾の臨海工業地帯は目と鼻の先、一九七〇年代前半にこの大学に入学した某教授は「昔は運河が臭くて鼻をつままないと橋を渡れなかった」と語る。ひるがえって今の高浜運河で臭いが気になるのは、浚渫《しゅんせつ》船が運河の底のヘドロを掻き出している場に遭遇したときくらいである。

しかし、じゃあ今はよい環境なんですね、といわれると、素直にうなずけない。確かに天気のよい日に橋の上に立てば、運河のうえに青空が広がる様子を眺めることができる。だが、足下の水面に目を移せば、水の色はいつも黒ずんだ茶色、ときどきカワウやカモが二、三羽いるし、ボラが泳いだりもしているものの、生きものが快適にすむには過酷な水環境だ。ついでにいえば、運河に沿って立ち並ぶ建物はすべてコンクリートの背中を冷たく水面に向けていて、楽しい水辺とはいいがたい。大学の授業で学生に「東京湾と聞くとなにを思い浮かべますか」と問えば、「汚い」、「コンクリート」と返ってくるのももっともなことである。

都市港湾の埋立地の間を縫うようにつくられた運河がコンクリートだらけなのはしかたがないことなのかもしれない。だが、海岸がコンクリートだらけなのは都市部に限らない。地方に行けば、人気《ひとけ》のない海浜が消波ブロックで埋め尽くされている光景をよく見かける。あるいは、海岸に離岸堤がつくられたおかげで砂浜がやせたという話は各地で聞く（たまに「隣の浜がやせて、こっちの浜が太った」という話も聞く）。さらに、東日本大震災後は、各地で長大な防潮堤の建設が始まった。もちろん防災は大切だ。しかし、陸からの海の眺めをすべて奪うほどに大きな壁を見ると、なぜこんなものをつくるのか、もっとちがうかたちはないのだろうかと思わずにはいられない。

海辺もローマも一日でできたわけではない。昔から今にいたるまでの長い時間のなかでいろいろなできごとがあって、そのときどきの政治や社会の要請によって人の手が加えられた結果が、今の海辺のすがたである。そして、あと数十年の時が経てば、今度はその時代の人たちが、私たちがつくった海辺を眺めることになる。それはどういう海辺だろうか。私たちの世代は将来の世代にどんな海辺を残し、なにを伝えるのだろうか。これは政治家や官僚任せにしないで、海辺に暮らす人たちで考えることだ。

この本では、海辺の持続的な利用のしかたやしくみづくりをみんなで考えていく過程、「学び」の方法を提案したい。その共通の足場をつくるために、本章では、戦後から今にいたる日本の、とくに都市の沿岸域のうつりかわりを、埋め立て、水質汚濁、そして沿岸漁業の三題噺として眺めよう。

2　開発の対象としての海辺

戦後の工業化と沿岸開発

日本の海岸の様子を数字で見てみよう。すこし古いのだが、一九九八年に環境庁自然保護局が発表した第五回自然環境保全基礎調査海辺調査報告[1]によれば、日本の海岸の総延長は三万二七九九キロメートル、うち本土域四島（北海道、本州、四国、九州）では一万九二九八キロメートル。このうちの四一パーセントは港湾建設、埋め立て、浚渫、干拓によって著しく改変された人工海岸、一五パーセントは道路、護岸、消波ブロックなどの人工構築物がある半自然海岸であり、本来の自然のすがたをとどめる自然海岸は四三パーセントにすぎない。日本列島の海岸線の半分以上はすでに人の手で改変されていることになる。もちろん地域差があって、大都市を擁する内湾ほど人工海岸の割合は高く、東京湾で八六・二パーセント、大阪湾北部では九六・八パーセントにおよぶ。

東京や大阪に代表される都市部の沿岸域がこのように著しく埋め立てられたことと、戦後の工業開発、とくに経済成長の柱であった重化学工業の発展との間には深いかかわりがある。

一九四五年敗戦直後の日本政府の急務は、なににもまして食糧危機への対応であった。[2] 戦時中は、国家総動員法のもと、あらゆる資源と労働力が戦争に投入されていたことから、農地は労働力と肥料不足のために荒廃していた。さらに、戦禍と輸送力不足のために生産地と消費地をつなぐ流通機能も失われ、食糧の海外輸入も途絶えていた。そこに海外から五〇〇万人におよぶ人びとが引き揚げてきたことから、とくに都市部では食糧は絶対的に不足した。政府が、干潟や浅海を干拓して水田を造成する「国営干拓事業」を全国各地で計画したのは、食糧を国内で自給することを念頭に置いてのことだろう。このころの化学工業について見ると、昭和二〇年代後半までは生産額の六割を農業増産に不可欠な化学肥料を含む無機化学が占めている。[3]

ところが、国営干拓事業が進められている間に、政府の自給方針は大きく変化した。一九五一年に日米間で経済協力構想に合意したのち、政府は一九五四年に「日本国とアメリカ合衆国との間の相互防衛援助協定」を結び、食糧を小麦、大麦、大豆、トウモロコシなどの輸入農産物に頼るようになる。一次エネルギー供給[4]についても、石油と石炭の割合は、一九五五年にはそれぞれ一八パーセントと四七パーセントであったものが、一九六一年にはともにほぼ四〇パーセントと並び、一九七三年には七七パーセントと一五パーセントと急速に軸足を石炭から石油に移した。これを支える原油の輸入量は、一九五五年には九二七万キロリットルであったものが、一九六五年には約一〇倍の八七六三万キロリットル、一九七三年には二億八八三八万キロリットルと急激に増大した。

原油輸入量の急増は、当時の日本の経済戦略——輸入した原材料による重化学工業化——を映し出してもいた。一九五五年七月、通産省は「石油化学工業の育成対策」を省議決定した。これについて、日本の環境経済学研究の先駆者であった華山譲氏[5]は、著書『環境政策を考える』のなかでつぎのように述べている。

> 敗戦後の日本に残された国土は狭く、資源は乏しく、人口のみが多かった。この時期に、日本の経済復興を達成するために頼ることができる資源はなんであったろうか。勤勉で優秀な国民性はさておき、政策的に意図的に開発された資源は、実は港湾であった。すぐれた港湾こそが石油にも鉄にも石炭にも恵まれない日本に、重化学工業を定着させる技術的条件だったのである。一九五五年、通産省が、「石油化学工業の育成対策」を決定し、同時に、山口県岩国・徳山、三重県の四日市の旧陸海軍燃料廠跡の払い下げを決定したとき、すでに港湾条件の整備が、日本の重化学工業の基礎となるという意識は政策立案者のなかで明確なものとなっていた。そしてこれは、ある意味ですばらしい着眼であった。恵まれた港湾条件は、海外資源を日本に運ぶ船舶の大型化と運賃の低下を可能にした。
>
> 華山譲『環境政策を考える』、岩波書店

一九五五年九月から翌年にかけて、四つの大規模工業地帯コンビナートを中心とする一四社の事業計画が認可され、コンビナートは一九五八年に操業を開始、ここに石油化学製品の国内製造が始まっ

た。

さらに一九六〇年一二月に池田勇人内閣が「所得倍増計画」を決定、一九六二年にはその後の国土開発を方向づける「全国総合開発計画（一全総）」[6]が策定された。ここで打ち出された「拠点開発方式」とは、全国各地の一五の新産業都市と六つの工業整備特別地域を工業の拠点とし、その開発効果を周辺地域に波及させ、地域格差を是正しようとするものであった。地域開発の中核として指定された新産業都市は、北は北海道、東北地方の八戸、秋田湾、磐城・郡山から、南は九州地方の大分、日向・延岡、不知火・有明・大牟田地域まで、長野県の松本・諏訪地域を除いてすべて臨海部を含んでいる。こうして、高度経済成長期にはいくつかの沿岸地域で国策としてコンビナート化が進められ、重化学工業は日本の経済成長の屋台骨となる。

公害の時代

一九五〇年代後半から一九六〇年代にかけて進められた急速な工業化は、日本の高度経済成長とともに、さまざまな物質によるあらゆる環境――大気や水質や土壌――の汚染、公害を引き起こした。私の手元にある一九七六年発行の地図帳『新詳高等地図　初訂版』（帝国書院）のなかに「日本の環境問題発生地の分布」という全国地図が掲載されている。[7]これを見ると、水俣病、新潟水俣病、イタイイタイ病、四日市ぜんそくといった四大公害病が発生した地域に限らず、全国各地でカドミウム、ヒ素、水銀などの重金属や化学合成物質などさまざまな有害物質による汚染が発生していた様子がうかがえる。

公害防止法体系が未整備なこの時代、行政も法律も被害者をほとんど守ってくれない。被害者は、企業を相手にみずから訴訟を起こすしかなかった。政府や地方自治体が経済成長をなにより重んじる風潮のなかで、健康を侵され、社会の偏見にさらされ、経済的にきびしい立場に追い込まれた人びとの訴訟は、まさに生存権をかけた闘いである[8]。

一九七〇年一二月、全国に広がる公害反対運動と公害訴訟を背景に、ようやく国会で公害防止関連一四法案が通過する。大気汚染防止法と水質汚濁防止法の対象は限定された指定地域から全国へと広げられ、規制対象物質も増えた。一九六七年公害対策基本法にあった、「生活環境の保全については、経済の健全な発展との調和が図られるようにする」という「経済調和条項」は削除された。同時に、事業者が基準を守るための指導を市町村長や都道府県知事へと委ね、さらに、大気汚染、水質汚濁については、住民の健康、健全な生活環境を守るために都道府県が条例によって「上乗せ規制」できる規定を明確にした。一九七一年七月には環境庁が発足し、今につながる環境行政が始まった[9]。

こうした規制強化に加えて、一九七一年のドル・ショック、そして一九七三年の第一次石油危機は、それまでの重化学工業による経済発展の戦略に方向転換を迫るものであった。原油価格の高騰によって、国内の工業の主流は、それまでの輸入原料を国内で製造する形態から、原料も労働力も安価な東南アジアへと生産拠点を移し、生産した部品を日本国内に輸送して組み立てる形態へと変容していった。こうした経緯を経て、日本国内の公害は沈静化していった。しかし、その後の生産拠点となった、マレーシア、インドネシア、フィリピン、タイなどでは工業生産にともなう公害を引き起こし、一九八〇年代には「日本の公害輸出」として国際的な批判を浴びている[10]。

埋め立ては止まらない

沿岸開発で、まず目をつけられるのはたいてい干潟である。

干潟とは、浜に潮がもっとも満ちたときの水際線（高潮面）と浜からもっとも潮が引いたときの水際線（低潮面）とにはさまれた潮間帯である。したがって、高潮面と低潮面の間の勾配がゆるやかで潮位差が大きければ大きいほど、面積が広く発達する。日本列島では潮位差が大きな太平洋側に干潟が発達しやすく、とくに瀬戸内海と九州に集中している。

干潟は潮の干満で水没したり干出したりするので、その環境は時々刻々と変化する。干潟の底質も、粒度組成によって砂質や泥質などさまざまあり、底質によって生物相も生物生産も物質循環も変わる。さらに、海の波浪や海水や干潟に流れ込む河川水などの水の状態によっても干潟の環境は変わる。こうして独特な環境が形成された干潟には、微生物から、ゴカイやアサリなどに代表される底生生物、とくに子どもの時期の魚類（稚仔魚）、シギ・チドリ類などの鳥類といったさまざまな生物が、時間にともなう環境の変化に応じて、訪れたりすみついたりしながら、これもまた独特の生態系をつくる。

静穏で海流や波浪の影響を受けにくい内湾の干潟は、埋め立てるにも条件がよい。一九八〇年の環境白書[11]を見ると、敗戦の年である一九四五年には全国に八万五五九一ヘクタールあった干潟面積は、高度経済成長期をはさんだ三〇年後の一九七八年には約五万七三三〇ヘクタールに減少、この間に三分の一の干潟が消失したことになる。面積では、とくに東京湾と瀬戸内海の減少が著しく、ともに八〇〇〇ヘクタール超の干潟が消失している。

　高度経済成長期が終わって、工業用地の需要が減ったからといって、沿岸の埋め立てが止んだわけではない。一九六二年の一全総の後も、ほぼ一〇年おきに発表される全国総合開発計画や内需拡大政策、たとえば、アーバンルネッサンス計画（一九八三年「都市開発を促す規制緩和策」）、リゾート法（一九八七年「総合保養地域整備法」）などに呼応して、廃棄物処理施設や下水処理施設などの都市機能の充実のため、港湾や道路や空港といった交通機能強化のため、さらには宅地やレクリエーション用地の確保のため……と目的を変えながら海岸の埋め立ては続く。たとえば、東京湾の埋立地の用途別割合を国土交通省の資料で見ると、工業用地が三七パーセントを占めるものの、都市機能用地と交通機能用地もそれぞれ一七パーセントずつで計三四パーセント、そして港湾用地が一〇パーセントを占めている。

　日本は国土が狭いのだから、開発するには海に張り出すしかないだろう、という声もあろう。ではなぜ内陸部を開発しないのだろうか。日本の戦後を「海を破壊する開発の歴史」であると言明した明治学院大学の熊本一規さん[12]は著書『持続的開発と生命系』のなかで、この問いにつぎのように答えている。

海の破壊は、国土が狭いから起こったわけではない。内陸では、農林業が苦しくなったために多くの農地や隣地が放置され、農山村では過疎化が進む一方だ。日本の内陸に土地がないわけでは決してない。……海の破壊は、開発と連動して起こった。つまり、日本の第二次産業や第三次産業にとって、内陸の農山村に立地するよりも海を埋め立てたほうが経済的に有利だったのである。

熊本一規『持続的開発と生命系』、学陽書房

海には、漁業者のような利用者はいるが、所有者はいないと思われがちである。陸より海のほうが効率的にまとまった面積を早く確保することができると考えられたのだ。

3　海はきれいになったのか

富栄養化と有機汚濁と貧酸素化

一九七〇年一二月の公害国会で日本の環境行政の基礎がつくられ、それから半世紀近くが過ぎた今、工場からの有害物質の排出が環境問題にまで発展することはめったにない。だが、油濁事故、磯焼け、海岸侵食、海岸ごみ、さらには原子力施設からの放射性物質……と海の環境問題が尽きることはない。

なかでも、富栄養化→有機汚濁→貧酸素化の連鎖は、日本だけでなく世界中の都市沿岸に共通して見られる現象である。

富栄養化は、植物プランクトンや水生植物が光合成をおこなうために必要な栄養素、とりわけ窒素やリンが、水のなかに豊富に存在している状態である。大雑把にいえば、海や湖の水中に窒素やリンが十分に存在していて、そこに適当な日射と水温がそろえば、表層の植物プランクトンはどんどん光合成をして繁茂する。生きものがゆたかな海の基盤は、植物プランクトンによる光合成、すなわち基礎生産である。そのためには、窒素やリンなどの栄養塩は欠かせない。しかし、栄養塩が水中に過剰にある、富栄養化した海や湖沼などでは、植物プランクトンはときには爆発的に増殖して「赤潮」を引き起こしたりする。たとえ赤潮が起きなくても、動植物プランクトンとその死骸や排泄物、つまり有機物が水中に過剰に存在する状態、「有機汚濁」が起こる。[13]

やっかいなことに、有機汚濁は海の底層で貧酸素化を引き起こし、生きものがいっそうすみにくい環境をつくりだしてしまう。たとえば、東京湾の奥部、東京港内や運河などは年中、富栄養化の状態にある。日射量も水温も低い冬は、富栄養化はさほど問題にならないのだが、日射量が増え水温が上がる五月から九月にかけては、表層で植物プランクトンはどんどん繁茂する。ところが、この時期、海の表層には温められた軽い水があり、下層には冷たく重い水がある。このような安定した状態になると、表層の水と下層の水はなかなか鉛直方向に混ざり合わない。一方、表層で繁茂した植物プランクトンやそれを食べて増殖した動物プランクトンはそのうち死骸となり、有機物として遠慮なく表層

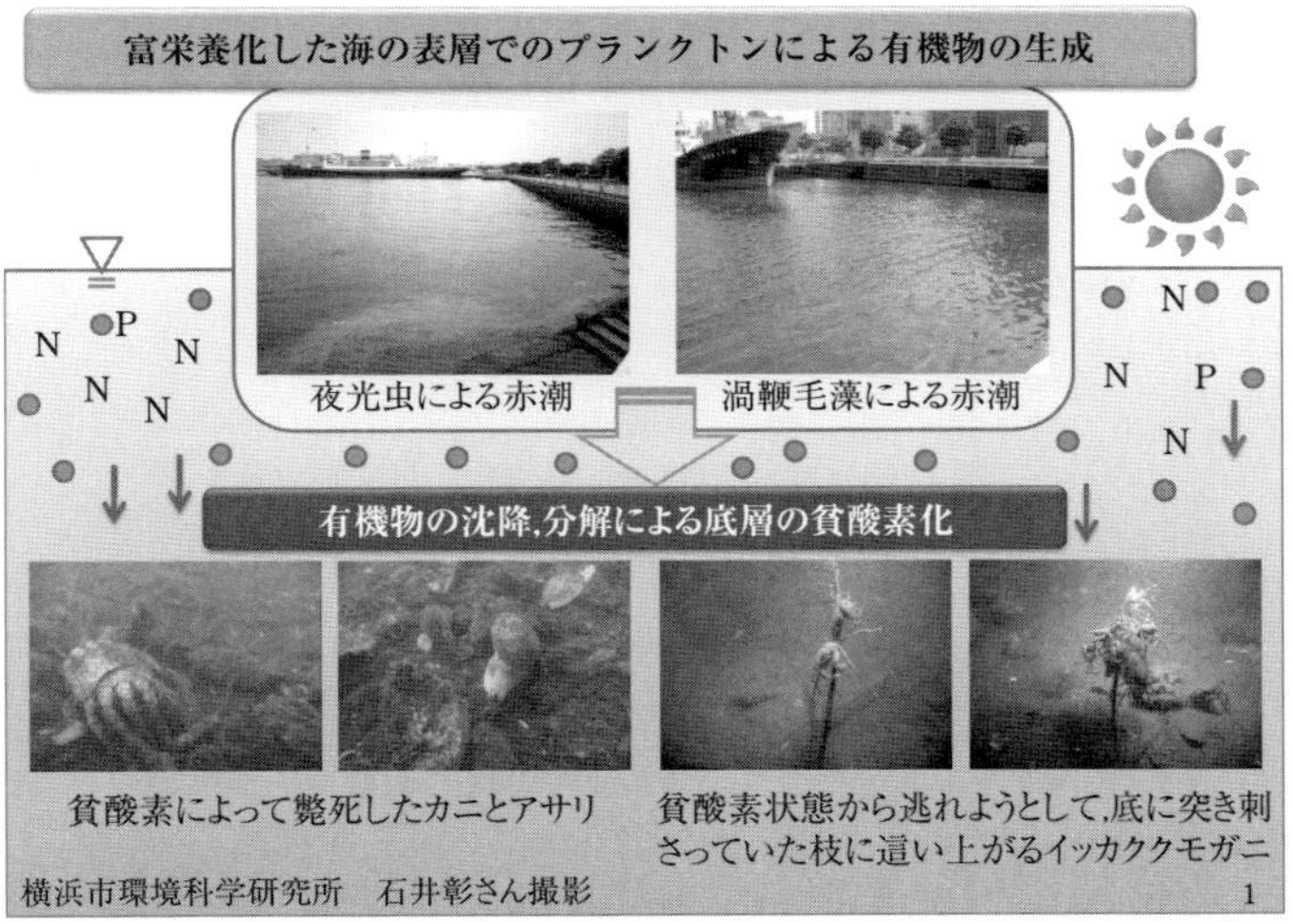

図 1-1　富栄養化→有機汚濁→貧酸素の模式図（写真は石井彰氏［当時，横浜市環境科学研究所］から提供いただいた）．

から底層へと沈殿していく。沈殿した有機物は底層でそのうち微生物などが分解するのだが、このときに水中の溶存酸素が消費される。酸素は大気から海表面を通じて海に入り、表層の水が底層の水と混合することで海底まで供給される。だが、安定した状態にある表層水と底層水とは混じりにくいため、底層まで十分に酸素が供給されない。こうして底層の溶存酸素濃度はきわめて低くなる。このような貧酸素化が起きると、酸素呼吸する生きものは海底にいられなくなる。それでも魚は泳いで逃げることができるが、貝やカニのような底生生物はすばやく逃げられずに、多くはへい死してしまう（図1-1）。都市沿岸の海底の貧酸素化は世界各地で起きていて、「デッド・ゾーン（dead zone）」と呼ばれている。

下水処理

都市沿岸の富栄養化のおもな原因は、私たちの生活排水、具体的にいえば、トイレ、風呂、台所、洗濯から出る排水にある。今の日本では（形態はいろいろだが）下水道が普及しているので、生活排水もほとんど下水処理される。ところが、下水処理は多くの場合、有機物の分解・除去が目的で、その結果出てくる窒素・リンは十分に除去されない。では、窒素・リンも下水処理で取り除けばよいではないか、と思われるかもしれない。まったくそのとおりだし、技術的にも可能だ。だが、そのための設備投資や維持管理にかかる費用をだれがどれだけ負担するか、という問題が残る。環境政策の基本原則のひとつに、汚染者負担原則がある。これによって工場排水による汚染は、当然その工場を操業する企業が責任をもち、企業の経済活動のなかに汚染処理費用を内部化することになる。ところが、富栄養化の場合、その原因は、流域に住む人びとの生活排水がおもな原因である。すると、富栄養化を防止、あるいは解消するための費用は、流域住民が下水処理料金の一部として負担するか、あるいは、税金を下水の高度処理のために使うことになる。住民に、この負担を受け入れる心づもりがどれだけあるだろうか。税金は、海をきれいにするよりもほかのことに、たとえば福祉の充実に使ってほしい、と考えるかもしれない。もし政策として富栄養化に取り組むのであれば、どのような方策が考えられて、それぞれの効果と費用はどれくらいなのかを提示したうえで、流域住民がどの方策を選択するのか、その費用をだれがどれだけ負担するのか、そういったことを話し合う場があってほしい。

4　縮小する沿岸漁業

海辺の三題噺の最後に、沿岸漁業についてふれたい。

日本では昔から、藻類、貝類、魚類といった海の生きものを、定置網、刺網、底びき網などそれぞれの生態に適した漁具を用いて獲る沿岸漁業が津々浦々で営まれてきた。沿岸漁業は、「漁業法」で定められた「漁業権」によって営まれる。漁業権とは、特定の魚種を、特定の場所で、特定の漁法により、たいていは特定の時期に、取得することを地域の漁村共同体に認めた排他的な権利である。漁業権には、共同漁業権（貝類や海藻のような定着性の水産動物を採る漁業や地びき網漁業などを営む権利）、区画漁業権（一定の区画でおこなう養殖業を営む権利）、定置漁業権（漁具を定置して営む定置漁業の権利）の三つがおもにある。漁業権はその大半が、都道府県知事から、原則として漁業協同組合に免許される。漁業協同組合では、漁業権行使規則やさまざまな操業ルールをつくり、漁業者はこれに則って漁業を営む。

前節で、高度経済成長期に工業の発展を支えるために、埋め立てがさかんにおこなわれたことを述べた。とくに都市部では工業化の波に押され、沿岸漁業のほとんどが地先の漁場を失っている。漁業センサスによれば、高度経済成長期にあたる一九六三～一九六七年に二五八平方キロメートル、一九六八～一九七二年に五四三平方キロメートルの海面の漁業権が放棄され、それぞれの期間に二一六平方キロメートル、一二三平方キロメートルの埋め立てが全国でおこなわれた。一九六三年には六二・六万人いた漁業就業者は、一九七三年には五一・一万人に減った。

漁業就業者数は、今もなお減り続けている。一九八三年に四四・七万人、一九九三年には三二・五万人、二〇〇三年には二三・八万人というように、この三〇年間で漁業に従事する人の数は半分になってしまった。『平成二七年版水産白書』[14]によれば、二〇一三年の沿岸漁業就業者は一八・一万人、[15]このうち八・九万人が六〇歳以上の高齢漁業者である。さらに個人で海面漁船漁業を営む経営体のうち、後継者が確保できているのは、わずかに一四パーセントで、多くに後継者がいない理由として、天候や魚価の変動を受けやすく収入が不安定であること、儲からない、労働環境がきつい・危険、などがあげられている。

では、沿岸漁業の生産量はどうかというと、これもまた減り続けているのである。ただし、過去五〇年間の推移を見ると、漁業就業者数の減り方とは異なる時間変化をしている。すなわち、一九六〇年から一九八〇年代後半までは二〇〇万トン前後で推移し、そして一九八五年ごろにピークを迎えた。ところが、一九九〇年代以降は減少し続け、東日本大震災後の二〇一二年の生産量は一〇九万トンである。水産白書では、沿岸漁業の生産量低下の原因を、漁場環境の悪化や資源状況の低迷などに求めている。

沿岸漁業が縮小する一方で、とくに東日本大震災以降、海洋エネルギーという、新たな沿岸海面利用の可能性が、声高に語られるようになった。長崎県五島市や福島県沖では、自然再生可能エネルギー事業として、洋上風力発電の実証実験がおこなわれている。漁業者にすれば、発電のための構造物の設置によって潮の流れが変わったり、漁業対象種がいなくなったり、敷設した海底送電線が操業の妨げになったりするのではないかという心配も、沿岸漁場を侵されることへの反発もある。その反面、新たな海洋エネルギー産業が過疎高齢化に悩む漁村地域活性化の妙薬になるのでは、という期待も地域にはある。漁村は、今も大きな時代の流れのなかに巻き込まれている。

5　これから海辺を考えるために

今の日本の沿岸域の環境は、高度経済成長期の公害が大きな社会問題となっていたころに比べれば、ずっと良好な状況にある。少なくとも、健康被害を引き起こすような汚染は恒常的には起きていない。しかし、過去から現在にいたる選択の結果は、自然海岸の多くをなくし、コンクリートで固められた今の海辺の様子に厳然と現れている。有害な排水をたれ流す工場がないかわりに、私たち自身の生活によって、沿岸海域では富栄養化、有機汚濁、貧酸素化といった問題が起きている。海洋エネルギー開発や二酸化炭素の海底下貯留のように、沿岸漁場だった海を、別の目的に利用することを考えたりもしている。

これが、これからの海辺の持続的な利用のしかたやしくみづくりを考える出発点である。今のような海辺の利用を続けていくことは、将来の世代の利用をそこなわない、いわゆる、持続可能性へとつながるのだろうか。それとも、なにかを変えたほうがよいのだろうか。そのためにだれがなにをどうすればよいのだろうか。この後の章では、そんなことについて考えていきたい。

第2章——海辺を計る——ミレニアム生態系評価と生態系サービス

1　諫早湾の自然の恵み

戦後、食糧増産を目的にいくつも計画された干拓事業のひとつに「長崎大干拓構想」がある。優良な農地にめぐまれない長崎県で、有明海の一部である諫早湾を干拓して稲作用農地六七〇〇ヘクタールをつくろうと、当時の県知事が打ち出したものである。この干拓構想は、「宝の海」と呼ばれるほどにゆたかな諫早湾で漁業を営む漁民の猛反対にあってとん挫した。また、食糧増産政策はまもなく一転し、国全体が減反へと向かうようになった。しかし、諫早湾干拓構想はその後も利水・排水・洪水・高潮対策と目的を変えたり広げたりしながら生き続け、一九八六年一二月に「国営諫早湾干拓事業」として公式に決定された。一九九七年四月一四日、諫早湾と有明海の境目につくられた七キロメートルにおよぶ潮受《しおうけ》堤防最後の区間一・二キロメートルに、鉄板がつぎつぎと、まるで「ギロチン」のように落とされていく様子をテレビで見た方も多いのではないだろうか。

潮受堤防閉め切りから二年が経過した一九九九年八月、ＮＨＫは特別番組「変わりゆく干潟の海諫早湾」を放映した。この二年間で諫早湾の生態系や環境がどのように変化したかを伝える三〇分のドキュメンタリー番組である。乾燥が進む干拓地の水たまりにとり残され、土に残る塩分でかろうじて命をつないでいる、ムツゴロウ。かつて渡りの時期ともなれば干潟にひしめきあうように無数にいたシギ・チドリ類は、干拓地にわずかに飛来したものの、餌となる底生生物がいないために人が近づいても逃げる力もない。干潟を失ったまわりの海ではアサリやタイラギなどの二枚貝が十分に育たない。以前は沖にいたトビエイが、おそらく餌不足のために、岸に近づいて養殖アサリを食い荒らす。潮受堤防の内側につくられた調整池では陸からの排水を受けて富栄養化から有機汚濁が進み、引き潮時に排水門を開ければ、有機物濃度の高い調整池の水は有明海へ流れ込み、これを避けて魚は逃げ出し、漁網にはどろどろとした汚れがこびりつき……と、潮受堤防締め切りから二年後の諫早湾とその周辺の海の惨憺たる様子を映し出していた。

これが諫早湾干潟から自然の恵みが失われた結果である。本章では、「生態系サービス（ecosystem services)」というキーワードをもって、沿岸域の自然の恵みを再考してみたい。

2 ミレニアム生態系評価

生態系サービスとミレニアム生態系評価

生態系サービスという用語は、近年、自然の恵みを表すためによく使われている。自然の恵みから生まれる生態系の価値をサービス、すなわち財としてとらえようとする言葉である。一九八〇年代に生態学研究者によって提案され、その後、生物多様性を保全しようとする機運の高まりとともに広く使われるようになった[1]。

生物多様性とは、文字どおり、さまざまな生物がバランスよく存在していることであり、「遺伝的多様性」、「種の多様性」、「生態系の多様性」の三つのレベルがある。まず、遺伝子の多様性とは、ひとつの個体群のなかや異なる地域個体群の間に見られる遺伝的変異や多様性のこと、つぎの「種の多様性」とは、微生物から植物・動物までいろいろな種が存在すること、最後の「生態系の多様性」とは、気温、湿度、土壌、地形などによってつくられる環境に応じて、さまざまに異なる生態系が存在することである。このような生物多様性をもつ生態系が提供してくれるさまざまなサービス、すなわち価値が、生態系サービスである（ここでは生物とそれらが存在する自然環境とを一体的な「系「システム」」として生態系と呼ぶ）。

生態系サービスの重要性を世間に広めたのは、「国連ミレニアム生態系評価」（The Millennium Ecosystem Assessment）であろう。二〇〇〇年にコフィ・アナン国連事務総長が提唱し、公式には二〇〇一年六月から二〇〇五年三月にかけて実施された国際事業である。二〇世紀最後の千年紀（ミレニアム）という記念すべき年に、地球上のさまざまな生態系の変化を把握し、その変化が人びとや地域社会の幸福（welfare）におよぼす影響を評価することが事業の目的であった。同時に、いつの日か再び地球上の生態系評価がおこなわれるときに向けて、その基準（ベースライン）を提供することも期待されていた。国連ミレニアム生態系評価事業は、環境シンクタンクNGOである世界資源研究所（WRI）が中心となり、生物多様性条約などの環境や生態系にかかわる国際条約機関や国連環境計画（UNEP）や世界銀行などの国際機関、そして世界九五カ国から一三六〇名もの専門家が参加して、地球上のさまざまな生態系の現況評価と将来予測をおこない、五巻からなる技術報告書と六冊のテーマ別報告書を作成した[2]。

生物多様性条約や砂漠化対処条約などの国際条約に携わっていた政策立案者たちは、これらの条約における科学的評価の必要性が当時のメカニズムでは満たされていないことを、一九九〇年代の中ごろまでに認識していた。一方、科学者たちは、一九八〇年代から一九九〇年代にかけて、生態学や資源経済学の研究が格段と進んだにもかかわらず、得られた科学的知見が政策に十分に生かされていなかったことから、大規模な国際的生態系評価を要請していた。国連ミレニアム生態系評価事業が実施された背景には、政策立案者と科学者双方からのこのような要望があった[3]。

その特筆すべき点は、生態系の状況を自然科学の観点から把握するにとどまらず、生態系が人類に与えてくれる自然の恩恵を「生態系のサービス」すなわち経済学上の財としてとらえ、人びとの貨幣の多寡で測ろうとする価値観のなかに組み込む意思を示したことだろう。

四つの生態系サービス

国連ミレニアム生態系評価は、生態系サービスを、供給サービス（provisioning services）、調節サービス（regulating services）、文化的サービス（cultural services）、基盤サービス（supporting services）の四つに区分している。

供給サービスとは、文字どおり、食糧、燃料、木材、繊維、薬品、水などの暮らしに欠かせない資源を供給するサービスである。調節サービスは、はげしい環境の変化を緩和し調整するサービスである。たとえば、沿岸地域の気候が内陸部に比べて寒暖の差が小さくおだやかであったり、湿地が大水の際に水を保持する調整池の役割を担ったりする。こうした自然に備わった調節機能に認めるサービスをさす。文化的サービスとは、人びとが自然の景観や生きものを見たり、自然のなかで余暇を過ごしたりすることで充足感や心の安らぎをおぼえることによって享受するサービスである。これら三つの生態系サービスは、植物の光合成による有機物や酸素の生成、土壌の形成、栄養の循環、水循環といった、その場の生態系を支える基盤サービスによって維持されている。

これら生態系サービスを冒頭の干拓前の諫早湾について考えてみよう。

豊饒の海には、ゆたかに魚介類などの食料を供給するサービスが備わっている。微生物や底生生物が生息する干潟には、有機物を分解したり窒素・リンといった栄養塩を固定したりする浄化作用という調節サービスがある。渡りの時期ともなれば大挙して飛来するシギ・チドリ類を観察していた人びとは、この活動をとおして諫早湾の文化的サービスを享受していた。なにより、川と海と土壌の相互作用によって維持される干潟そのものが、生態系の基盤サービスを具現化したものであった。

国連ミレニアム生態系評価は、生物多様性とそれが生み出す四つの生態系サービスとが、人びとが幸せに暮らすうえで必要なさまざまな要素——安全（個人の安全、資源へのアクセスの確保、災害からの安全など）、生活に必要な基本的な資材（適切な生計、十分に栄養ある食物、身を守るシェルター、商品の入手）、健康的な暮らし（体力、良好な気分、清浄な大気や水へのアクセス）、そして良好な社会関係（社会的な一体感、相互の敬意、扶助能力）——を得るために欠かせないものであり、これらがあって初めて人は選択と行動の自由を得てゆたかに生きることができる、と述べている。

3　沿岸域の生態系サービス

人びとは沿岸域に集まる

国連ミレニアム生態系評価の主要な報告書『生態系と人間の幸福――現状と傾向』は、地球上の森林や海洋といったさまざまな生態系のひとつずつに章を割いている。このなかの「第19章　沿岸域システム[4]」のおもなメッセージをごく簡単にまとめるとつぎのようになろう。

　人びとは沿岸域に集中して居住し、さまざまな生態系サービスに依存している。しかし、増え続ける人口や開発からの圧力によって、沿岸域の生態系サービスは低下している。さらに、こうした直接の沿岸域内からの圧力だけでなく、より広い範囲での土地利用や水資源利用による圧力も沿岸域生態系サービスの低下の原因となっている。

海と陸とのインターフェイスである沿岸域には、エスチュアリ（estuary）、マングローブ、ラグーン、潮間帯、海草場、岩礁・貝礁、藻場、サンゴ礁などさまざまなかたちがある。エスチュアリとは、河口域や河川汽水域のことである。上層を流下する軽い河川水と、下層を遡上する重い海水とが、潮汐などによって混じることで物理的にも化学的にも生物的にもユニークな場がつくられる。河口域・河川汽水域の範囲は広い。河口が発達してそのまま海につながっているような湾もエスチュアリであり、こういう湾は河口湾と呼ばれる。たとえば、米国東海岸最大の湾、チェサピーク湾はエスチュアリである。

国連ミレニアム生態系評価では、沿岸域を右の八つの形態に分け、それぞれがもつ、生物多様性と供給サービス、調節サービス、文化サービス、基盤サービスという四つの生態系サービスの大きさを、大きさの異なる黒丸で相対化して表している。[5] この黒丸の大きさと数から見ると、エスチュアリやマングローブやサンゴ礁の生態系サービスはきわだって大きいことがわかる。

こうした生態系サービスのゆたかさに引き寄せられ、人類は沿岸域に集落をつくり都市を発展させてきた。報告書[6]によれば、世界の人口の約四〇パーセントは沿岸域一〇〇キロメートル以内に住み、人口五〇〇万人以上の都市の半分は沿岸域五〇キロメートル内にある。世界人口の二七パーセント、または沿岸域人口の七一パーセントはエスチュアリ(サンゴ礁、マングローブ、海草場と重なるところも含む)から五〇キロメートル内に分布する。二〇〇〇年の沿岸域の人口密度は九九・六人/平方キロメートルで、内陸の人口密度三七・九人/平方キロメートルの約三倍である。

そして、人間活動の影響を受け、沿岸域の生物生息場は失われ続けている。最大の原因は、開発のための沿岸湿地(湿原[marsh]、海草場、マングローブ林、海浜[beaches]、干潟[mudflats]も含まれる)の改変にある。たとえば、フィリピンでは、一九一八年から一九八八年の間に国内マングローブ面積の四〇パーセントに相当する二一万ヘクタールが養殖池に転換されたという。そして一九九三年のマングローブは一二万三〇〇〇ヘクタール、約七〇年間で七〇パーセントが失われたことになる。[7]

マングローブの減少

ここでミレニアム生態系評価からすこし離れて、マングローブを例に生態系サービスについて考えてみよう。

沿岸開発めざましいアジア地域では、同時に沿岸域の資源環境の劣化が懸念されている。沿岸域の資源環境の問題は、海域・陸域起源の物質による水質汚濁、開発行為による自然海岸の破壊、そして生物資源の非持続的利用による生物量の減少や生態系のアンバランスという三つに整理できる。ただし、ひとつの問題が単独で起きるというわけでもない。たとえば、開発のために海岸を改変すればその場の生態系は破壊される。同時に、土砂が海に流れて汚染を起こしたりすることもある。さらに、沿岸開発の一環としてつくられた工場などの排水が水質汚濁を引き起こしたりすることもある。水質の悪化のために魚資源が減り、結果として乱獲を引き起こすこともある。このように、沿岸域の資源や環境では、人為的影響として複数の問題が同時に出現したり、影響として引き起こされた問題が別の問題を引き起こしたりもする。

マングローブ海岸の開発はその典型的な例だろう。

本来、東南アジアや南アジア、とくにインドネシア、インド、マレーシア、フィリピン、バングラデシュ、タイには本来マングローブの繁る海岸が多くあった。塩性湿地であると同時に森林でもあるマングローブには、貝やカニから哺乳類までさまざまな生物が生息し、また、魚が稚仔魚時代を過ごすことから「海のゆりかご」とも呼ばれている。そして前述したフィリピンに限らず、世界中でマングローブの面積は減少し続けている。二〇一〇年の世界のマングローブ面積は一五六二万ヘクタール、うち六二九万ヘクタールは東南アジアや南アジアにあるのだが、二〇〇〇年から二〇一〇年までの一〇年間だけでも三四万ヘクタールが消失している。[8]

マングローブは地域の人びとが共有する財である。マングローブ海岸近くの住民は、その枝や幹を薪や木炭の燃料に変え、あるいは家を建てる建材として、また、葉は家の屋根を葺いたりタバコにしたりして、実は食べものとして、いろいろなかたちで利用してきた。[9] なかでも重要なのは、防風林・土留めとして熱帯のサイクロンがもたらす高潮から住民の家屋、生命と財産を守る役割である。たとえば、地理学者の宮城豊彦さんと、長年、アジアや中東の海岸でマングローブを植樹してきた向後元彦さん（ＮＧＯマングローブ植林行動計画・代表）が、インド東部からバングラデシュにおよぶ広大なガンジスデルタでおこなった調査によると、サイクロン時の高潮で大きな人身被害が出た範囲はマングローブが破壊された感潮氾濫原とよく重なっているという。[10]

一方、「海のゆりかご」であるマングローブがなくなれば漁業対象種を含む沿岸生態系が多大な影響を受けることになる。たとえば、フィリピンでマングローブの破壊が地域の人びとへ与えた影響を調査したところ、薪炭材・建材の確保の困難、台風・高潮被害の増加と同時に、捕獲魚類量・種類の減少を回答として得ている。[11] このように、エビ養殖場の影響が取り沙汰されている沿岸では、必ずといってよいほど住民が漁獲の減少を訴えている。ところが、人びとの談話以上に確かな、マングローブ破壊による漁獲の減少を示唆するデータ――たとえば、破壊前後の魚種や資源量の変化のようなデータ――がなかなか見つからない。マングローブと漁獲量の間に関係はありそうなのだが、長期的なデータなしにその因果関係を科学的根拠をもって示すことはむずかしい。

エビ養殖のヒット・エンド・ラン

さて、マングローブが減少した背景には、都市の拡大にともなう宅地開発やリゾート開発もあるが、養殖場、とくにエビ養殖場の開発も大きな原因と考えられている。[12]

台湾、フィリピン、インドネシアにおいては、サバヒイ（*Chanos chanos*）、英名ミルクフィッシュという大衆魚の養殖が長年おこなわれている。エビ養殖は、インドネシアで、池に海水を導入する際に紛れ込んできた稚エビを成長した後に収穫したのが始まりで、その後、意図的に稚エビを採集して汽水池に放養・収穫する「粗放型養殖」が東南アジア各地でおこなわれるようになったといわれる。[13]

この「伝統的」粗放養殖は、池水は潮汐で自然に入れ替わり、エビの餌は池に自生する水草や底生生物などの有機物が担う、というように、自然界のエネルギーと一次生産にかなり依存しておこなわれる。数ヘクタールから数百ヘクタールにおよぶ広い養殖池を海岸や感潮河川沿いにつくり、ミルクフィッシュなど草食性の魚とエビを混養する。周辺海域で稚エビが増えれば、水門を開いて池のなかに取り込んで囲い込み、エビが市場に出荷できる大きさに成長したら投網や竹製の魞《えり》（トラップ）で収穫する。漁師が野生の稚エビを獲って、種苗として養殖池主に売ることもある。

このような養殖方法は、池の建設費や運営費はあまりかからなくてすむが、生産性も低い。そこで、収穫を増やすために、飼料・肥料を投入してポンプで水を部分的に管理するように改良された「企業的」粗放養殖が、また、さらに管理を強化し生産性を高める工夫をした「準集約養殖」が考案された。水をコントロールするために養殖池を高潮線より上につくり、餌を与える。種苗は、海で採取したり親エビの卵から人工ふ化したりした稚エビを、初期育成池で高密度に育ててから、低密度で飼えるくらいに大きくする。準集約養殖よりもさらに管理を強めた「集約養殖」では、水田のような小さな区画で高密度にエビを飼う。二四時間体制で池の管理をおこない、病気の発生を防除し成長を早めるために、除草剤、抗生物質、栄養剤などの薬品を投与する。また、高密度飼育されるエビの呼吸と飼料・排出物の分解によって消費される水中酸素を補うために、池にはいくつもの曝気装置を設置して池のなかにつねに酸素を送る。

一九八〇年代、こうしたエビの養殖技術が確立し、エビ養殖はまたたくまにアジアの沿岸を席巻した。もちろん、アジアの養殖池がすべてお金のかかる集約型になったわけではない。集約型ほどいろいろなかたちのエネルギーを投入せず、したがってお金がかからないが、広い面積を要する粗放型養殖も、粗放型と集約型の中間に位置する準集約型養殖もおこなわれている。いずれの型でもエビ養殖は海岸で営まれることが多く、養殖場開発のためにマングローブ伐採は進められた。

アジアのエビを含む甲殻類の養殖生産量は、一九九五年には約八八万トンだったものが、二〇〇五年には約三三四万トン、じつに四倍近くに増大している。[14] 粗放型であれ集約型であれ、エビ養殖は、米国、日本、EUといった世界の富裕国への輸出を目的としておこなわれている。養殖技術が開発された当初、養殖されるエビはクルマエビ科のブラックタイガー（*Panaeus monodon*）が多かった。

だが、一九九〇年代以降は、病気に強いといわれる、東太平洋原産のバナメイエビ（*Litopenaeus vannamei*）が増えた。今、スーパーの水産食品売り場で見かける冷凍エビのほとんどは、このどちらかである。

一九九〇年代、途上国で急速に拡大するエビ養殖に対し、環境保護団体や研究者から強い批判の声があがった。理由をひとことでいえば、非持続的だからである。[15] 海岸を占有して大量の水を使い、汚水を排出するエビ養殖は、沿岸の環境と人びとの暮らしにさまざまな負の影響を与えうる。養殖場建設のために地元の人びとが利用していた海岸の土地を囲い込む。海岸のマングローブを伐採する。大量の水を汲み上げたために地下水の枯渇や塩害が起きた例もあれば、養殖池の汚水を未処理で排出して周辺海域に汚染が広がったという例もある。さらに、とくに集約型のエビ養殖池では、たいてい操業開始から五年のうちにエビに病気が発生し、生産できなくなるという。生産できなくなった養殖池は打ち捨てられ、養殖業者はほかの土地で新たに養殖池をつくる。地域の自然資源を使い捨てる養殖生産過程は、「ヒット・エンド・ラン」と揶揄される。

さらに、エビ養殖産業全体が、地域資源を権力と財力をもつ地域外の人びとや企業が支配する構造であることも批判の対象になっている。高額な投資が必要な集約型養殖は、地元の人びとが気軽に参入できるものではない。外部資本が地域に入り、地域の土地のさまざまな自然資源を使って富裕国への輸出向けに単一種を養殖生産する構造ができる。例外的に地元の人が経営する集約型エビ養殖場が多いタイ国でも、池に投入する稚エビから飼料や薬品の販売、ときには生産されたエビの流通までを、アグリビジネス企業がほとんど掌握している。地域住民が生産にともなうリスクを負い、外部企業が利益を得る構図は、化学肥料と農薬を投入して高収量品種を単一栽培するようにアジアの稲作を変えた、「緑の革命」を思い起こさせる。そういう理由で、エビ養殖を「青の革命（Blue Revolution）」と呼ぶ人びともいる。

ただし、小さい面積で高収量を生産する集約型養殖が、粗放型養殖と比べて環境に悪いと一概にはいえない。タイでは、マングローブ面積が減る速度は、集約型養殖の普及とともに小さくなっているし、粗放型養殖がさかんになったためにマングローブ伐採が進んだ地域ももちろんある。どのようなエビ養殖が持続可能といえるのかという議論は今もおこなわれているし、また、実証的な事業もおこなわれている。

4　沿岸域の懸念

国連ミレニアム生態系評価に話を戻そう。

水を介して広い空間範囲とつながる沿岸域の生態系は、河川上流域や大気からも人為的な影響を受ける。国連ミレニアム生態系評価は沿岸域生態系の将来を予測して、水循環に人間が介入することで起きるさまざまな現象、たとえば、河川から沿岸海域に流入する土砂の量の減少、水質の悪化、そして気候変動から受ける影響をも懸念している。報告書[16]から内容をかいつまんで紹介しよう。

陸域の水循環の改変による土砂の減少

沿岸域は、陸域から流入したものが沈んで堆積する場、すなわち「シンク」である。ここでは、栄養塩と堆積物との間で生化学的反応が活発に起こる。ところが、河川上流から沿岸海域へといたる流下をさえぎるダムのような人工構造物が途中につくられたために、沿岸海域に流入する河川水と土砂の量は減少している。ある研究によると、陸域から沿岸に運ばれる土砂の二五パーセントはダムに蓄積されるという。地球上の自然流出量を年間一八〇～二〇〇億トンと仮定すると、四〇～五〇億トンの土砂がダムに溜まっていることになる。河川から供給される土砂の量が減少したことで、世界各地で海岸侵食が進んでいる。沿岸域の問題に対処するには、河川流域全体における人間活動と自然系のかかわりを含めたシステムとしての展望が必要なのである[17]。

水質の悪化

世界各地の沿岸海域の底層で「デッド・ゾーン」と呼ばれる貧酸素化現象が起きていることは第1章で述べた。沿岸生態系に課せられる汚染物質の七七パーセントは陸域起源のものである。うち四四パーセントは未処理の排水や流出水による。下水処理場などの衛生施設の整備が人口増加に追いつかず、また、農地などから流出する排水に規制がかけられることがなければ、富栄養化の発生率は増加する。陸域から流入する栄養塩の量が増大し、また、海水温が上昇することで、沿岸海域では富栄養化→有機汚濁→貧酸素化が進みやすくなる。今後数十年間で、貧酸素水塊が占める海の割合は確実に増加すると推定されている。

さらに、有害物質濃度も近い将来、確実に上昇すると予想されている。工業化が始まって以来、生物活性物質（毒でも薬でも、生体に作用してなんらかの生物反応を起こす物質）、金属、内分泌かく乱物質、抗生物質、殺虫剤などの河川への排出量は何倍にも増加した。これらの有害物質は、水質を悪化させ、生物にも影響を与える。有害物質が人体におよぼす影響の全体像は把握されていないが、沿岸の汚染が関係する疾病率や死亡率は確実に増大している。[18]

気候変動の影響

沿岸生態系の将来にもっとも大きな影響を与えるのは気候変動である、と考えられている。温暖化は近い将来、その速度を速め、これによる影響が増大すると予想されている。[19]

世界中の海が暖められることにより、つぎのような影響が心配されている。

・生物の適応速度よりも速い潮位の上昇——潮位の上昇は、海水と溶解した氷河の熱膨張の相互作用によって起きる。氷の溶解速度は速まると予想されている。

・水温に敏感な生物の温度ストレスによる死滅——環境の変化にさらされやすく、かつ、耐性範囲が狭いサンゴ礁は、もっとも被害を受けやすいと考えられる。

・物理生物過程の変化――エスチュアリでは水温と塩分が変化し、とくに水温の耐性範囲が狭い生物種は生息できなくなる。また、温暖化によって富栄養化した沿岸水域では藻類の成長が速まることから、魚のへい死や貧酸素水塊（デッド・ゾーン）の拡大が予想される。
・病原体伝染の増大――温暖化は、病原体の伝染率を高め、また、人間や動物へのさまざまなかたちでの伝染を速める。

5　生態系サービスと経済

総合的な沿岸域管理

こうして見ると、沿岸域の生態系サービスは世界規模で著しく低下していて、その将来は悲観されている。これを食い止める手立てはあるのだろうか。

先走って答えれば、ミレニアム生態系評価は、「総合的な沿岸域管理」の導入を勧めている。「総合的な沿岸域管理」は、水でつながる沿岸域という空間における人びとのさまざまな活動について、ひとつの大きな枠組みのなかで調整をはかる管理である。国連機関の専門家たちは「総合的な沿岸域管理」を、「生物多様性と沿岸生態系の生産性を維持しつつ、沿岸資源に依存する人間共同体の生活質を改善すること」を全体目標として「政府と共同体、科学と管理、セクターの利益と公共の利益とを結びつけ、沿岸域生態系および資源の開発と保護のための総合的な計画を策定し実施する過程」と定義している。[20]

「総合的な沿岸域管理」の概念は、一九六〇年代の米国の海岸管理に端を発し、以後、対象とする空間を海岸からより広範な陸海域に、目的を都市計画から流域規模の生態系保全にまで広げながら発展してきた。一九九二年の国連環境開発会議（地球サミット）で採択された行動計画アジェンダ21では、「総合的な沿岸域管理」は沿岸国の義務と明記された。以来、国際的な要件とされており、二〇〇二年の持続可能な開発に関する世界首脳会議（ヨハネスブルクサミット）[21]や二〇一二年の国連持続可能な開発会議（リオ＋20[22]）でもくりかえし確認されている。二〇一五年に採択された「持続可能な開発目標（ＳＤＧｓ）」のなかでも「総合的な沿岸域管理」の存在感は増している。ＳＤＧｓは、二〇〇〇年ミレニアム開発目標（ＭＤＧｓ）にかわる今後の目標として設定された。「目標14」には「持続可能な開発に向けて、海と海洋資源を保全し持続的に利用する」とある。二〇一六年一月に国連開発計画（ＵＮＤＰ）が発表した実施計画[23]は、小さな地域規模で計画する「総合的な沿岸域管理」をもって水圏生態系サービスを維持するようなボトム・アップのアプローチを促進する、としている。

生態系サービスの価値を測る

しかし、「総合的な沿岸域管理」を導入すればかならず生態系サービスの劣化を抑えられるというものでもない。大きな課題として、ますます乏しくなる資源、あるいは生態系サービスを、社会のさまざまな人びとやセクターが分け合うにあたっての、生態系サービスどうしの「トレード・オフ」がある。「トレード・オフ」とは経済用語で、一方の目標値を好ましい状態にするためには他方の目標値を好ましくない状態にせざるをえない関係をさす。たとえば、ある市立動物園が多くの市民の憩いの場になっている。ところが、あるとき、市はこの動物園の財源を確保するために入園料を徴収することとした。その結果、市の収入は増加したが、とたんに入場者は減少した。市の収入を増やすという目標と、多くの市民に憩いの場を提供するという目標は、同時に両立しがたいのだ。このとき、この二つはトレード・オフの関係にあるといえる。先ほどのマングローブ海岸とエビ養殖の関係について見れば、マングローブが提供してくれるさまざまな生態系サービスを享受し続けることと、養殖場をつくってエビを生産し、輸出して利益を上げることは、トレード・オフの関係にある。

生態系サービスのトレード・オフ問題に対し、ミレニアム生態系評価は、自然生態系の経済価値を評価するように提案している。環境問題が起こる背景には、「自然環境はタダ」という認識があることは、よく指摘される。エビ養殖問題の背景には、マングローブの森を皆伐しても、エビ養殖の排水を垂れ流して沿岸海域を汚染しても、支払うべき費用は発生しない、という前提がある。そこで、養殖池をつくり操業することで失われる生態系サービスを金額として評価して、トレード・オフの関係をきちんと考えましょう、そして、この損失をエビ養殖事業の費用のなかに組み込みましょう、というのである。

むろん、自然資源や環境がもつ生態系サービスに値札がついているわけでも、どこかに市場があるわけでもない。そこで、経済価値をどうにかして求めなければならない。近年、注目されているのが「生態系と生物多様性の経済学（The Economics of Ecosystems and Biodiversity）」、略してＴＥＢ（ティーブと読む）である。[24] 二〇〇七年にドイツのポツダムで開催されたＧ８＋５環境大臣会議で、欧州委員会とドイツがＴＥＢプロジェクトを提唱した。二〇一〇年一〇月に愛知県名古屋市で開催された生物多様性条約第一〇回締約国会議（ＣＯＰ10）までに幾冊もの報告書がまとめられていて、暫定版だが邦訳もある。[25]

環境や生態系の価値の計測方法は、とくに一九八〇年代から九〇年代にかけてさかんに議論され、いくつも考案されている。たとえば、ある生態系サービスの価値として、同じような機能をもつもの、すなわち代替できるものに対して市場で認められている価格を適用する方法がある。諫早湾の生態系サービスについていえば、魚介類が獲れなくなったことで失われた供給サービスの価値を干拓前後の漁獲金額の変化から求める。あるいは、干拓で失われた干潟の浄化機能の価値を、同程度の浄化機能をもつ下水処理施設の建設費と維持費から求める、といった方法である。また、環境のよい場所を訪れて余暇を過ごすことに認める価値――これはその場所がもつ文化的サービスに相当する――を、旅行にかかる費用と時間から計算する、旅行費用法（Travel Cost Method: TCM）という方法もある。一九四九年、米国の経済学者Ｈ・ホテリング博士が、ときの米国内務省国立公園局の国立公園から生じる便益をドルで評価したいという求めに応じて考案した方法である。[26]

だが、漁業や浄化や余暇といった特定の機能に認められる価値は、自然環境や生態系がもつ生態系サービスのごく一部にすぎない。一方、干潟には、微生物から藻類、底生生物、魚類、鳥類までさまざまな生きものがすみ、シギ・チドリ類が飛来するような生態系全体としての価値がある。市場のない生態系の価値——たとえば、ゆたかな生物多様性が存在することのような——をまるごと測りたいときには、どうするか。

このような場合には、「仮想的市場評価法（Contingent Valuation Method: CVM）」という方法が用いられる。アンケート調査で、環境や生態系の改善に対する人びとの支払い意思額、あるいは、劣化に対する補償受け取り意思額を尋ねる方法である。尋ねかたにはいろいろ工夫がなされているが、もっとも基本的なのは、○○○（自然環境や生態系などを具体的にあげる）を保護（あるいは、自然を再生する、汚染を浄化する、など）するためにいくら支払う意思がありますか、と多数の人びとに聞き、そこで表明された「はい」、「いいえ」の割合をもとに、人びとの支払い意思額を計算し、その自然環境や生態系の経済価値を推定する方法である。さらに、一九九〇年代には、アンケート調査で複数の選択肢を示して、それらの好ましさを尋ねる「コンジョイント分析（Conjoint Analysis）」という、マーケティング分野で発達してきた方法も用いられるようになった。[27]

このような環境や生態系の価値を測る手法は、環境経済学という学問のなかで米国を中心に発達した。その背景のひとつに一九八〇年包括的環境対処補償責任法、いわゆるスーパーファンド法がある。これは、一九七八年に起きた有害化学物質による土壌汚染、「ラブキャナル事件」を契機に制定された二つの法律の通称である。この法律は自然資源の汚染者に浄化費用や損害額の負担を義務づけており、政府が損害賠償を求めることを認めている。米国内務省は、自然資源破壊の被害を経済評価する手法としてＣＶＭの使用を認めている。[28]

一九八〇年代には、地球環境の悪化に対する危機感への高まりや、国際協力による途上国での大規模開発事業が環境を破壊し、住民の人権を侵していたことへの批判もあり、環境や生態系の価値の経済評価の考え方は世界中に広まった。

生態系サービスに代価を払う

昨今、再び環境の経済価値の評価がＴＥＥＢとして国際的な環境政策の舞台で注目されるのは、ＴＥＥＢが、生態系の経済価値評価にとどまらず、生態系サービスの受益者の行動規範にまでいいおよんでいるからではないだろうか。ＴＥＥＢでは、生態系サービスに対する価値の認識→価値の可視化（経済的評価）→価値の捕捉という三段階を通して、生物多様性の保全と持続可能な利用を達成させる。そして、この文脈上で、生態系サービスを享受している受益者が、生態系サービスを維持管理している人びと、たとえば、環境保全的な生産をおこなっている農林水産業者などに対して適正な対価を支払うという、「生態系サービスへの支払い（Payment for Ecosystem Services: PES）」（ペスと呼ばれる）の制度導入を提唱している。環境省の生物多様性に関するウェブサイトには、[29]ＰＥＳの事例がいくつかあげられている。ＰＥＳを進める具体的な制度として、自治体による税金や補助金、金融機関の金利優遇などが考えられている。税金の例として、たとえば神奈川県は、二〇〇七年に良質な水を安定的に確保していく財源を確保するために「水源環境を保全・再生するための個人県民税超過課税」を導入している。納税者一人あたりの平均負担額は年額約八九〇円（二〇一四年五月）になるという[30]。

このように環境や生態系の経済価値評価やPESが進められている様子を見ると、これらは生態系サービスの劣下を抑える有効な手段のように思われるかもしれない。しかし、ことはさほど簡単ではない。もしPESを地域のなんらかの自然環境や生態系について制度化しようと考えるのであれば、その経済価値を評価する前に、その生態系サービスがどのようなものであるかを把握しなければならない。国連ミレニアム生態系評価がおこなったような文献調査をおこなうだけでは情報が不足する場合には、さらなる環境・生態系調査が必要になる。そこから始まる話である。

そのうえで、自然環境や生態系の経済価値を右のような方法で測っても、それを人びとに受け入れてもらえるのか、という疑問は残る。価値の推定は、回答者の所得などの属性や、徴収の方法によって変わるといわれる。たとえば、環境省自然環境局が、仮想市場評価法を用いて、二〇一四年度から二〇二〇年度までの七年間で日本全国の干潟を一四〇〇ヘクタール再生することに対する一世帯あたりの支払い意思額を求める調査をおこなったところ、中央値二九一六円、平均値四四三一円であったという[31]。これはほんとうに国民の「真の支払い意思額」なのだろうか。そもそも、無主物である環境や自然生態系を保全するための課金を、どれだけの人がすんなりと受け入れるのだろうか。PESの制度化はその先にある話である。

しかし、時間とお金がかかるからといってなにもしないでいるわけにもいかない。まずは、生態系サービスが無料ではないこと、そして、一度失えばお金で購えるものではないことをあらためて認識しよう。生態系サービスは、まさに天から賦与された「恵み」なのである。

第3章——海辺に協う《かな》——管理と対話

1　生態系サービスの維持

横浜は、だれもが知る国際港湾都市である。その沿岸は戦前から京浜工業地帯の一翼を担い、戦後は都市開発が大胆に展開され、近年の横浜みなとみらい21の大規模臨海部再開発にいたるまで、さかんに開発が進められてきた。この横浜の海でいまも漁業が営まれていると聞けば、意外に思われる方も多いのではないだろうか。

横浜市南端にある金沢区柴地区は、江戸前の鮨ネタであるシャコやアナゴの産地として知られている。八景島シーパラダイスと向かい合わせに立地する柴漁港に行けば、小さな漁船五〇隻ほどが、ひしめくように係留されている。ここは大都市のなかにある漁村なのだ。

柴地区では、十数年前まで、小型機船底びき網によるシャコ漁がさかんに営まれていた。シャコ漁は、朝早く船を出し、羽田沖から横須賀沖で網をひいて、夕方帰港する。獲ってきたシャコは、ただちに各漁家で釜茹でにし、身を剝いてプラスティック皿にきっちり並べて、出荷する。シャコ皿は、翌日には鮨屋のガラスケースのなかに納まり、江戸前鮨として供せられる。残念なことに、ここ十数年はシャコの不漁が続き、かわりに、サバやタチウオやナマコなどのほかの魚種も漁獲している。

柴地区は、資源管理型漁業をおこなっていることでも、水産関係者によく知られている。魚は獲れすぎれば値が崩れ、豊漁貧乏となる。一九七七年、柴地区では、シャコの市場価格を安定させるために、シャコ皿の出荷枚数を定め、市場に出回る数量の制限を始めた。一九七八年、イラン革命に端を発した第二次石油危機で燃油価格が高騰してからは、二日操業したら一日休業するという、自主的な操業規制を導入した。この「二操一休」は燃油不足に対する苦肉の策であったのだが、操業の「入口規制」と出荷量の「出口規制」という二つの漁業管理手法を組み合わせた結果、シャコの漁獲量も価格も安定し、柴地区のシャコ漁は資源管理型漁業の好例として全国に知られるようになった。小山紀雄さん（横浜市漁業協同組合長）は、長年、柴地区の資源管理型漁業を主導してこられた方である。

海でも山でも、自然界の生態系サービスを利用し続けるためには、利用の調整や制限が欠かせない。自然界の植物や動物は、「自律更新資源」と呼ばれるように、人がなにもしなくとも自然に再生産される。しかし、それに甘えて際限なく利用すれば、天然更新がまにあわず、その植物や動物の数は減る。乱獲が過ぎれば、その種はいなくなってしまう。すると今度は、その植物なり動物なりが構成員である生態系全体のバランスも崩れるかもしれない。だから、自然資源や環境を使うときには、環境をできるだけ変えないよう、生きものを減らさないよう、つまり、今ある生態系サービスをできるだけそこなわないようにしなければならない。そこで人びとは資源利用の規則をつくり、これを守る。これが自然資源の利用管理の基本である。

2 沿岸域のコモンズ

では、沿岸の資源や環境の管理はだれがどうおこなっているのだろうか。

これを考えるにあたって、コモンズ（commons）という考え方を取り入れよう。コモンズとは、一般には、私有化されておらず、地域社会の共通の基盤となっている、自然資源や自然環境のことである。日本では「入会地《いりあいち》」や「総有地」といいならわされてきた。ここでは、人びとの生活圏として地域から、地理的空間を広げながら、ローカル・コモンズ、パブリック・コモンズ、そしてグローバル・コモンズという三つのコモンズについて考えよう。

地域で守るローカル・コモンズ

ローカル・コモンズとは、上述の定義そのものの、地域の人びとがともに利用し管理する資源や空間である。農山漁村の調査をとおしてエコロジー経済のありようを追究した多辺田政弘氏は、地域のコモンズを「商品化という形で私的所有や私的管理に分割されない、また同時に、国や都道府県といった広域行政の公的管理に包括されない、地域住民の『共』的管理（自治）による地域空間とその利用関係（社会関係）」と定義している。[1]

たとえば、磯や砂浜、さらにその前に広がる干潟や浅海は、もともとはこの海辺に暮らす人びとが海藻や貝類を採る場、ローカル・コモンズである。もちろん、海の生きものは天然に生息する「無主物」である。だが、遅くとも江戸時代には、「一村専用漁場の慣習」として地先の海の資源の占有的な利用がその地域の人びとに認められている。もし今、この浜でアサリ漁業が営まれているとしたら、その多くは慣習を継承して漁業法（一九四九年）で設定された漁業権が地元の漁業者、つまり、地域の漁業協同組合員に設定されているということである。

生きものの常として、アサリは大量に発生する年もあれば、あまり湧かない年もある。なにが原因で資源量が変動するのかはよくわからないが、毎年一定以上の量のアサリを採ろうと思えば、だれでもつぎのことを考えるだろう。まず、アサリを採りすぎない、それから、アサリが増えやすいように海の環境を調える。もしアサリを採りすぎれば、産まれる卵の数が不十分になるかもしれない。また、たとえ十分な数の卵が産まれ、それらがふ化して浮遊幼生となったとしても、うまく地先の海底に着底して大きく育ってくれなくては、やはりアサリの資源は不足して、採れなくなる。

ただし、これらのことを漁業者ひとりだけで気をつけても、なんの効果もない。そこで、地域のアサリ漁業者たちは話し合って、操業規則をつくる。たとえば、一年一二カ月のうち何月から何月まで、朝の何時から何時まで操業するのか、あるいは、どんな漁具を用いるのか、採ってよいアサリの殻長は何センチメートル以上か、一日の漁で何キログラムまで採ってよいのかなど、アサリ漁業のルールを自分たちで決めるのだ。そして、これは、資源管理で知られる漁業協同組合の参事さんがおっしゃっていたことだが、漁業者は自分たちで決めたことは、必ず守る。さらに、田んぼを耕すように干潟を耕耘したり、アサリの浮遊幼生が着底しやすいように海底に竹筒を挿したりして、資源が増えやすいように環境を調える。

このような地域の人びとによる資源管理は「地域共同体による管理（community-based management）」と呼ばれる。世界中どこでも、効果的な沿岸資源管理の基本は、地域の人びとが自主的にルールをつくって守る管理である。日本各地の沿岸で漁業協同組合やその内部組織がおこなってきた、自主的な管理体制による漁業資源管理は、「地域共同体による管理」の好例である。

パブリック・コモンズである海岸

特定の地域の人びとだけでなく、より広い範囲の社会が共有する資源は、パブリック・コモンズと呼ばれる。沿岸域ならば河川や沿岸海域や港湾などの「公共用水域」はもちろんのこと、海岸や港湾の岸壁もパブリック・コモンズである。だが、みんなの資源や環境だからといっても、その利用や管理に関する意思決定がかならずしも市民に広く開かれているわけではない。むしろ逆で、国や自治体などの行政機関が管理を担い、市民の利用は行政機関の管理の下で制限されている。

日本の沿岸域には、沿岸域を管理するうえでの基本方針を定めた法律——たとえば、米国の沿岸域管理法（Coastal Zone Management Act of 1972）[2]のような——はない。沿岸陸域には河川法（一九六四年）や水質汚濁防止法（一九七〇年）など、また、沿岸海域には公有水面埋立法（一九二一年）、漁業法（一九四九年）、水産資源保護法（一九五一年）など、そして、陸域と海域の双方にかかる範囲については、漁港法（一九五〇年）、港湾法（一九五〇年）、海岸法（一九五六年）、自然公園法（一九五七年）、自然環境保全法（一九七二年）などの法律があるが、それぞれが異なる目的でそれぞれに定められた範囲に適用され、これまた定められた行政機関がこれを管轄している。

沿岸域には、河川や港湾や海岸など、国土交通省を主務官庁として直接、あるいは都道府県の建設・土木部局が所管する場が圧倒的に多い。だが、都道府県知事も事業を許可する管理者としての権限をもつ。たとえば、海岸の改変にもっとも関係が深い公有水面埋立法は、埋め立てには都道府県知事の免許を受けること（第2条）としている。公有水面埋立法は、干拓についても「公有水面ノ干拓ハ本法ノ適用ニ付テハ之ヲ埋立ト看做ス」（第1条）と埋め立てと同様の扱いを定めている。知事には、その都道府県の海辺のありようを決める、強大な権力が付与されているのだ。

ただし、公有水面埋立法は、埋め立ての免許について、権利をもつ人びとの保護も定めている（第4条）。ここでいう「権利をもつ人びと」とは、法令により公有水面の占用許可を得ている者、漁業権者または入漁権者、法令の許可にもとづき、あるいは慣習により引水あるいは排水している者（第

5条）をさす。

実際に、沿岸漁業は、沿岸埋め立てに対する大きな障壁である。埋め立ては、漁業協同組合（漁協）の同意を得て進めるのが原則である。その組合員である漁業者は、総会で意見を述べ議決に投票することで、その意思決定に参加する。だが、ひとつの漁協のなかにも数十人から数百人もの組合員がいる。埋め立てともなれば、漁業者その人の人生はもちろんのこと、家族の人生にも地域の将来にもかかわってくる。それぞれの事情や見通しや考え方からなる、いろいろな意見を、ひとつの漁協の意思にまとめていくのは、容易なことではない。

たとえば、横浜市金沢区のある漁業者の方からこんな話をうかがったことがある。戦後の開発めざましい横浜市にあって、沿岸漁業がもっとも影響を受けたのは、一九六八年に正式決定した「横浜市金沢地先埋め立て事業計画」である。ところが、この時期には海苔養殖の技術革新が功を奏し、かなりの生産額をあげていた。そこに横浜市から漁業権放棄を猛烈に迫られた。多くの漁業者は、海を離れて生活できるのか、子どもを育てられるのか、と強い危機感をもち、漁協内部で意見は激しく対立した。このころ、横浜市との交渉役を務めた組合長は、反対派からは「海を売る」と中傷され、夜道で後ろから殴られんばかりであったという。

かつて東京湾でおこなわれたような大規模な沿岸開発にあって、漁業者はかように大きな決断を迫られてきた。埋め立て事業計画がもちあがれば漁業者の多くは反対する。だが、反対を申し立てているその脇で、包囲網をすぼめるように開発工事は進められる。周辺地域の工業化にともない漁場環境が劣化するなかで、開発を推進する行政機関からは強制収用をちらつかされるほどの強い圧力を受けたりもする。ほとんどの漁業者と漁協はしだいに埋め立てを受け入れざるをえなくなり、漁業者の反対運動は漁業権放棄にともなう補償金を含む条件交渉へと変容させられてきた。

一方、海辺には、浜を散策したり、二枚貝を採ったり、泳いだり、釣りをしたりして楽しみたい、貝やカニや魚などいろいろな生物がすみ、渡りの季節ともなればシギ・チドリ類が飛来する干潟を大切に守りたい、という住民も住民ではない市民もいる。一九七〇年代には、海辺の生態系サービスを一般の人びとが享受する権利として、入会権を模して名づけられた、「入浜《いりはま》権」を求める市民運動も起きた。[3] だが、これらの人びとは、公有水面埋立法では権利者と認められていない。沿岸開発を望む行政機関と事業者企業と漁協との間で埋め立てや干拓に関する交渉が進められるかたわらで、自然海岸を残したい人びとがどんなに開発事業に反対しても、意思決定にかかわる協議の場に参加する機会はまずなかった。

では、市民は、公共用水面というパブリック・コモンズの権利者ではないのだろうか。公共の資源について国や自治体はその管理を国民から任されているとする「公共信託理論」という考えかたがある。これに則れば、沿岸という公共資源、パブリック・コモンズの権利者は公共であり、行政は管理を委託されているにすぎない存在になる。そう考えると、沿岸をどのように利用し保護するかという意思決定に、事業から直接影響を受ける住民はむろんのこと、公共を構成する市民がかかわる機会がないことは理不尽ではないだろうか。

実際のところ、公有水面埋立法が住民や市民をまったく無視しているわけではない。都道府県知事が地元市町村長から議会の議決を経て意見を聴く手続きを定めているし、環境保全や災害防止への十分な配慮を免許交付の要件にしている。ただ、住民や市民の意見がどのようにあつかわれるのかについては定められていない。海辺の管理への人びとの参加の道筋は、まだ十分に議論されていない課題である。

重なり合うコモンズ

ところで、ローカル・コモンズはパブリック・コモンズから独立して存在するわけではもちろんない。人びとがローカル・コモンズを利用するにあたってはローカル・ルールにしたがうわけだが、これはもちろん「上乗せ規制」である。たとえば、地先の海が漁村の人びとのローカル・コモンズで、共同漁業権も設定されてあったとしても、水質汚濁防止法や水産資源保護法などの法律が適用される場であることに変わりはない。そのうえで資源の利用にはローカル・ルールが適用される、ということである。

さらに、パブリック・コモンズである沿岸海域は、地球上にあまねく広がる外海、海洋へとつながっている。海洋や大気のように地球規模で存在する環境や、南極や宇宙のようにどの国にも属さない、人類共有の資源は、グローバル・コモンズと呼ばれる。

では、海の生きものはどのコモンズに該当するのだろうか。干潟や岩礁に定着している生きものであれば、ローカル・コモンズとみなすのが自然だろう。では、広い海をダイナミックに泳ぎ回り、ひとつの海域にとどめおけない魚類や哺乳類はどうだろうか。

人類学者の秋道智彌さんは、大洋を低緯度と高緯度の間で季節的に回游する大型鯨類、北太平洋を回游移動するサケ・マス類、黒潮に乗って移動するカツオ・マグロを例にあげ、これらの生物をひとつの国や地域共同体が排他的に利用する権利を主張することは事実上不可能であるものの、これらの生物を大気や海水と同じようにグローバル・コモンズとしてあつかいうるかどうかについては留保を要する、と述べている。理由は、広域にわたる回游性、移動性をもつ生物をグローバル・コモンズとして認め、それらの生物を捕獲する権利を万人に認めたり、逆に保護するために全面的に禁漁の措置をとったりすると、利用をめぐる問題がかならず発生するからだという。[4]

現実には、これらの生物は、先住民による利用についての例外はあるものの、基本的にはグローバル・コモンズとしてあつかわれている。たとえば、クジラについては「国際捕鯨取締条約」（一九四六年締結）にもとづく「国際捕鯨委員会（International Whaling Commission: IWC）」（一九四八年設立）が、また、マグロについては「海洋法に関する国際連合条約（略称、国連海洋法条約）」第64条「高度回遊性の種」にもとづく「西部及び中部太平洋における高度回遊性魚類資源の保存及び管理に関する条約（略称、中西部太平洋まぐろ類条約）」などの国際条約と「中西部太平洋まぐろ類委員会」などの地域漁業管理機関があるように、これら回游生物は国際的な資源管理の枠組みの下に置かれている。そして、捕鯨のように、海のなかを動き回る生物の利用と保護をめぐる国際的な紛争が起きているのは、周知のとおりである。

3　資源環境管理に必要な対話

いずれのコモンズであれ、望ましい資源環境管理には、資源や環境にかかわる人びとが協力しあい、最善の知識を活用しつつ利用と保全のための管理計画を立て、その計画を実施することで問題を予防し、あるいは解決をはかることが求められる。この過程を合理的、かつ協働的なものにするためには、二つの対話が必要であろうと考える。ひとつは、自然と人との対話、もうひとつは、人びとの対話である。

自然と人との対話——合理的な管理のために

合理的であるためには、海や生きものの状況をよく把握していなければならない。これが人間どうしであれば、話し合って、ときにはお酒でも飲んで、たがいによく知り合うことができよう。だが、自然は言葉を語ってくれない。そこで、海や海の生きものが発する信号を人がどうにかして受け取り解読する作業が必要になる。これを自然と人との対話と呼ぼう。

海や海の生きものの信号を受け取るのは、海を仕事場とし、海の生きものに日々接している人びと、典型的なところで漁業者と研究者である。ただし、その接しかたと受け取る信号の種類はそれぞれでちがう。

研究者は観測や実験をおこなってデータを得る。研究者にとって海や海の生きものは「なぜ」を知る探究の対象だ。まず研究の問いと仮説を立て、たとえば、水温、塩分、栄養塩、溶存酸素濃度、プランクトン、魚類などについて観測や実験をおこなってデータを得て分析し、仮説を検証して新たに問いと仮説を立てる作業を営々とおこなう。こうして、既存の知見に新たな知見を積み重ねていく。この積み重ねによって得られるのが、海の資源や環境についての科学的知識、「科学の知」である。したがって「科学の知」は最新であっても、真に完成したものとはいいきれない。「科学の知」は、つねに真理をめざして歩みを進めている最中なのだ。

一方、漁業者にとって、海は生業の場であり、海の生きものは生業の中心的存在である。「どのように」漁業資源を増やし獲るかに関心をもちながら、海と魚と人とが動的にかかわる漁労のなかで、三者の関係を体感で知る。これは漁業者がもつ経験的な知識、「漁業の知」の一部である。

ひとつ例を示そう。

作家・塩野米松氏は著書『聞き書き　にっぽんの漁師』[5]で各地の漁師の語りを臨場感ゆたかに書き著している。登場する漁師一人ひとりの語りのなかに戦後の日本社会と海の変容が映し出されているのだが、今はかれらが長年の漁労をとおして身につけた、海の発する言葉を聴く術、すなわち「漁業の知」に注目したい。

たとえば、岩手のサンマ漁師はつぎのように語る。

サンマを見つけるには魚道ってのがあるんだ。魚の通り道だ。漁をあげるのに一番はその魚道を知ることだ。そのためには水温、水速、潮流、風力、鳥の動き、これらが合致して決まるんだ。こういうことを覚えるまで、俺の場合は七年から十年かかった。

塩野米松『聞き書き　にっぽんの漁師』、新潮社

一方、青森県大間のマグロ漁師はつぎのように語る。

マグロがいるか、いねえかは、やはり海の地形、海の状態見れば、だいたいわかんだいの。なんも、魚探（魚群探知機）とかそういうものは見なくてもだいたいわかるんだ。海の色っていうか、そういうのを見ればだいたいわかるんだ。

塩野米松『聞き書き　にっぽんの漁師』、新潮社

「漁業の知」は海の資源や環境や漁労についてだけ存在するわけではない。社会にかかわる「漁業の知」もまたある。たとえば、漁業は、獲った魚を売って利益をあげなければ生業として成り立たず、漁業経営は漁船の燃料費などの経費と売り上げに左右される。状況や個人による差はあるだろうが、漁業を営むにも経済や経営にかかわる知恵や知識が必要だ。また、漁村には、地域についての知識

――たとえば、昔から今にいたる海の様子や共同体のなかでのできごとの記憶や受け継いだ文化など――がある。これら社会にかかわる「漁業の知」は、体験から得た個人的な知識であったり、漁村共同体の経験として共有する知識であったりする。

さて、自然資源や環境の管理を合理的におこなうためには、生物や生態系や環境について熟知していなければならない。ある生物の資源を管理したくとも、生態や生活史や資源量の見当がつかなければ、いったいなにをめざしてなにをすればよいのかさえ知る術がない。そこで、科学者は、海洋観測や生物の採集をしてそのデータを解析し、海と生物の状況についての一般法則をみちびきだそうと努める。だが、進行中の「科学の知」は完全ではない。沿岸環境や資源に関する仮説と検証のたゆまぬくりかえしによって、知識の足場固めが進められている途上にある。

一方、漁師の経験による海や魚の知識は、「科学の知」のように、いつの時代もどの海域にもあてはまるような普遍的知識ではない。体験を通して得た、特定の漁場や海域に特化した知識である。「科学の知」とちがって「なぜ」という理屈は説明できないかもしれないし、論理的でないかもしれない。だが、海という現場での漁労のなかで、身体感覚をもって得た知識には、往々にして敬意を払うべき洞察と得がたい真実が含まれている。

近年、こうした「科学の知」と「漁業の知」とを統合することの重要性が強調されている。たとえば、利害関係者の環境管理への参加についてレビューしたある論文[6]は、科学的知識と経験的知識を組み合わせることで、複雑で動的な社会と自然生態系のプロセスに対してより包括的な理解を得ることができるし、また、環境問題に対する技術的・地域的解の妥当性を評価するのに用いることもできる、と科学的知識と経験的知識の統合の意義をまとめている。

だが、実際に「科学の知」と「漁業の知」とを統合させることは、なかなかむずかしい。レビュー論文でも指摘されていたが、まず、たいていの研究者は「漁業の知」を信用していない。東京水産大学ご出身の某教授から「大学院生になってまず先生にいわれたのは、『漁師のいうことは信じるな』だ」とうかがったことがある。漁業にもっとも近い水産学ですら、漁業者の経験にもとづく知識を尊重していなかった。

対話による知の創造——合理的で協働的な管理のために

立場も背景も異なるいろいろな人びと——漁業者や科学者も含めて——が資源や環境の管理にかかわるような場合には、資源管理で達成しようとする目標も、そこにいたるための進めかたについての考えも、異なるだろう。たとえば、何年か前に、模範的な資源管理型漁業をおこなっていることでよく知られる漁協が、主たる漁獲対象種と同じ餌を食べる魚を河川から駆除しようとし、生物多様性を求める人びとから批判されたことがあった。「管理」とひとくちにいっても、ある特定の魚種を持続的に漁獲するためにおこなう漁業者の資源管理と、生物多様性の保護を目的におこなう管理とは同じものではない。

そもそも、人が資源や環境について知っていることも考えることも、かならずしも同じではない。

同じ海域で漁をする漁業者たちでも、それぞれの「漁業の知」を個人的な体験から得るわけで、体験がちがえばそこで得た知識もちがってくる。普遍的な科学的知識をよりどころとする研究者たちでも、同じ生物や水質や流速についてのデータを分析するときに自身の知識やアイディアに依拠しておこなう以上、導き出す結論は、同じものではないかもしれない。

そこで、もし、合理的かつ協働的な自然資源や環境の利用管理をめざすのなら、ぜひ、複数の「科学の知」と「漁業の知」について、たがいに耳を傾け、つき合わせる――対話をするような場を設けてほしいと思う。対話は、資源環境管理の二つめの条件、「協働的」であること、すなわち、「力をあわせて活動すること」と深くかかわってくる。

対話の大切さを強調した物理学者で思想家のデヴィッド・ボーム[7]は、著書『ダイアローグ』のなかで、つぎのように述べている。

> 対話では、人が何かを言った場合、相手は最初の人間が期待したものと、正確に同じ意味では反応しないのが普通だ。というより、話し手と聞き手双方の意味はただ似ているだけで、同一のものではない。だから、話しかけられた人が答えたとき、最初の話し手は、自分が言おうとしたことと、相手が理解したこととの間に差があると気づく。この差を考慮すれば、最初の話し手は、自分の意見と相手の意見の両方に関連する、何か新しいものを見つけ出せるかもしれない。そのようにして話が往復し、話している双方に共通の新しい内容が絶えず生まれていく。したがって対話では、話し手のどちらも、自分がすでに知っているアイディアや情報を共有しようとはしない。むしろ、二人の人間が何かを協力して作ると

言った方がいいだろう。つまり、新たなものを一緒に創造するということだ。

ボーム『ダイアローグ――対立から共生、議論から対話へ』、英治出版

これによれば、対話とは、おたがいの話に耳を傾け、意見を目の前に掲げてそれを見て、どんな意味があるのかを共有することである。それは、相手を説得するとか、自分が妥協しなくてはならないとか、いわんや相手を論破しよう、とかいうことではない。大切なのは、各人が自分の意見から少し離れて、ほかの人びとの意見と並べ置き、みんなでそれらを眺めながら話し合い、あらためてアイディアや考えを創造しようとする姿勢である。

4 対話から管理への参加へ

資源や環境の利用管理にかかわる対話は、管理の背後にある政策策定の参加にもつながっていく。なぜなら、地域の資源環境というローカル・コモンズの問題であっても、その解決に向かおうとすれば、否応なしにより広い環境とより多くの関係者とのかかわりが必要になるからである。

本章の冒頭で紹介したように、横浜市柴地区のシャコ漁業は、念入りな資源管理をおこなっていたにもかかわらず、ここ十数年もの間、不漁が続いている。いろいろな調査研究がおこなわれた結果、

東京湾の底層で夏期に発生する貧酸素がシャコ不漁の原因としてもっとも疑われている。もし、そうであれば、シャコ漁の復活には、貧酸素の原因である富栄養化や有機汚濁の解消が必要となる。そのための方策として、下水の栄養塩を処理場で除去してから放流する、浄化能力がゆたかな干潟や藻場を公共事業として造成・再生する、などが考えられよう。だが、そうなると、これはもはや、ひとつの地区の問題ではない。東京湾環境という広域なパブリック・コモンズをどう管理するのか、そのためにどのような政策をとるのかを問うことになる。

近年、対話についての認識は重みを増している。第6章で紹介するような、難解な科学技術の話を専門家から気軽な場で聴く場、サイエンスカフェのような試みは、ここ一〇年くらいの間によく開かれるようになった。東日本大震災以降は、とくに原子力発電や電力や再生エネルギーについて話し合う場がさかんに開かれている。

「みんなで話し合いながら考えよう」という態度の根底には、討議民主主義（deliberative democracy）と呼ばれる、新たな民主主義の考えかたがある。現代社会では代議制民主主義がとられている。私たち市民は代議士を選んで議会に送り出すことで、間接的に政治に参加する。ところがこの制度では、多数決による派閥が生まれやすい。派閥政治は民主主義の基本である個人の権利や自由を侵害したりもする。そこで、市民が代議士を選ぶだけでなく、自分たちも政治について話し合おうという動きが生まれた。政治に参加する道筋を、代議制民主主義と討議制民主主義の二つの道をつくることで、派閥政治の弊害を防ごうというのである。

政策の方向性を話し合う討議にも、いろいろなやりかたが考えられるし、試行もされている。たとえば、北海道は、二〇〇六年一一月から二〇〇七年二月にかけて、「遺伝子組換え作物の栽培について道民が考える『コンセンサス会議』」を主催した。また、二〇一一年三月の福島第一原発事故を受け、ときの民主党政府は、二〇一二年八月に、将来のエネルギー選択の方向性について討論型世論調査をおこなった。

政治学者である篠原一氏[8]の著書『市民の政治学――討議デモクラシーとは何か』によれば、討議には、だれもが自由に発言して自由に情報を入手でき、そのうえで同意の可能性を前提に話し合い、相手の意見を入れて自分の意見を変えるというプロセスをもって合意が成立する、という討議の倫理がある。そして、討議デモクラシーを支える原則としてつぎの三つが掲げられている。まず、十分な討議ができるように正確な情報が与えられるだけでなく、異なる立場に立つ人の意見と情報も公平に提供されるように配慮しなければならない。つぎに、討議を効果的におこなうようにするためには、小規模なグループでなければならず、できればグループの構成も固定せず、流動的であることが望ましい。そして、討議をすることによって自分の意見を変えることは望ましいことであり、頭数を数えるためだけの議論になってはならない。

人びとが討議を通して政策を考えるような場が日本の政治や社会のなかに浸透するまでには、まだ時間がかかるかもしれない。それでも、こうした考えかたは、合理性と協働性を備えた沿岸資源や環境の管理をめざすうえでのヒントを与えてくれる。

第4章——海辺を訪う《おとな》——地域のパートナー

1 「どうしてだれもきてくれないの?」

第3章で、海辺の資源環境管理をおこなううえで対話は欠かせない、と述べた。しかし、漁民でもなく仕事で沿岸域管理にかかわるわけでもない人たちが、海の利用や管理について話し合う機会は、そうあるものではない。まずは、その海辺の地域の人びとが集まって話し合う場を設けたい。では、そういう場をどう始めればよいだろうか。

このことを考える材料として、つぎの文章をお読みいただきたい。

二〇〇七年一一月一六日金曜日の昼のこと、授業を終えて研究室に戻ったとたんに、電話が鳴りました。電話は、江戸前ESDの事務局をつとめる同僚のKさんからでした。

「あさっての港区の小学校のPTAとのワークショップなんだけど、今、PTA会長から電話があって、参加希望者がだれもいないって……」

江戸前ESDというのは、東京海洋大学（海洋大）の教職員有志が地域の方々とおこなっている「江戸前の海――学びの環づくり」のことです。ESDは持続的開発のための教育のことで、江戸前ESDは東京湾の持続的な利用を地域で考えるために、学生と地域の方々を対象に江戸前ESDリーダーの育成をおこなう事業です。約一年前に開始し、今年度は、大田区にオープンする「大森海苔のふるさと館」の活動プログラムづくりを「大森海苔のふるさと館」の関係者と海洋大生とともに進めていました。この一環としておこなった大田区の小学校での出張授業もうまくいき、「大森海苔のふるさと館」の活動プログラムづくりと江戸前ESDリーダー育成は、調子よく進んでいました。

私たちは、海洋大の地元である港区でも江戸前ESDの活動を進めていきたいと考えていました。港区では、地区青少年委員として活躍している江戸前漁師Hさんが江戸前ESDに協力してくださっています。Hさんには大学で東京湾漁業について講演していただいたり、Hさんが母校である港区立A小学校で三年生を対象におこなっている「運河めぐり」に参加させていただいたりしています。

そこで、九月にHさんにご案内いただいてA小学校を訪問し、校長、副校長、PTA会長に江戸前ESDの活動について説明しました。関心のある保護者の方々に大学で開く江戸前ESDワークショップに参加していただき、プログラムの説明をしたいとお願いしたのです。その後、Hさんが小学校と連絡を取り合い、A小学校の先生や保護者の方々を対象としたワークショップの日程が一一月一八日に決まったのです。

ワークショップへのお誘いのチラシ印刷ができたのは一一月七日でした。もう日にちが迫っていたので、チラシは私がA小学校へ持参し、校長先生に参加を募ってくださるようお願いしました。校長先生は快く受け取ってくださいました。それなのに、どうして、私たちのワークショップの呼びかけにだれも応じてくれないのでしょうか。

おはずかしいことに、この話はほとんど実話である。東京海洋大学江戸前ESD協議会、通称「江戸前ESD」は二〇〇六年秋に環境省事業に採択されたことをきっかけに設立された、東京海洋大学の教職員による任意団体である。地域の方々との連携活動などおこなったことのない研究者たちなので、はじめはすべてが試行錯誤で右往左往していた。そのころのエピソードのひとつである。

この章では、江戸前ESDの活動開始直後のころをふりかえり、海辺の資源や環境について地域で対話する場をつくる試行錯誤のなかから、地域で海辺について話し合う場をもつための教訓を引き出したい。

地域で学び合うESD

2 持続的発展のための教育

まず、「ＥＳＤ」とはなんぞや、から始めよう。

ＥＳＤとは「Education for Sustainable Development」のこと、日本語では「持続可能な開発のための教育」や「持続発展教育」と訳されているが、ＥＳＤが通り名になっている。

一九九二年、地球環境の悪化への危機感を背景にリオデジャネイロで地球サミット（国連環境開発会議）が開かれた。ここでのテーマは「持続可能な開発（Sustainable Development）」であり、その実現に向けて行動計画「アジェンダ21」が採択された。地球サミットはＮＧＯや少数民族などの代表者も参加した点が画期的であり、また、アジェンダ21の採択は、その後の世界の環境政策に大きな影響を与えた。確かに大きな転換点ではあったのだが、その後も貧困や人権や環境の問題はなかなか改善されない。そこで、地球サミットから一〇年後の二〇〇二年、南アフリカのヨハネスブルクで「持続可能な開発に関する世界首脳会議」が開催されたとき、日本政府はＮＧＯと合同で「持続可能な開発のための教育（ＥＳＤ）の一〇年」（DESD: Decade of Education for Sustainable Development）を提案した。同じ年の国連総会では二〇〇五年から二〇一四年までの一〇年間を「ＥＳＤの一〇年」（ＤＥＳＤ）とする決議案を提出、これが採択されたことから、とくに日本では、ＥＳＤと銘打った活動や事業に対して各省庁からのてこ入れがおこなわれた。

「持続可能な開発」あるいは「持続的発展」の概念には、環境的分別、社会的衡平、経済的効率の三つの基本理念が含まれるといわれる。これを実現するための教育がＥＳＤである。したがって、ＥＳＤには、環境教育だけでなく、平和教育や開発教育やジェンダー教育などなど、あらゆる領域が含まれる。同時に、ＥＳＤは、地域の多様な人びととの協働を理想とする。地域には独特の地理条件や文化や歴史があり、また、社会や共同体のありかたも一様ではない。だが、いずれの地域であれ、人びとが持続可能性を共通のテーゼとして、ともに取り組んでくれなくては、環境と社会と経済の問題を解決していくことはむずかしい。実際におこなわれているＥＳＤの活動や事業を見ると、教育関係者に限らず、地域のいろいろな産業や活動に従事している人――たとえば、農業者や、町おこし活動をしている人や、郷土史を調べている人など――を巻き込んだ取り組みが多い。地域の人びとにどれだけ参加してもらえるかが、ＥＳＤを展開させていくうえでの鍵である。ＥＳＤは「地域のいろいろな人びとがかかわる学び合い」なのである。

日本の高等教育におけるＥＳＤの展開

一九九二年に地球サミットで行動計画アジェンダ21が採択された後、日本でもさまざまな環境施策が積極的に講じられた。環境教育・環境学習もそのひとつである。一九九三年に制定された環境基本法は、「環境の保全に関する教育、学習等」（第25条）として、「国は、環境の保全に関する教育及び学習の振興並びに環境の保全に関する広報活動の充実により事業者及び国民が環境の保全についての理解を深めるとともにこれらの者の環境の保全に関する活動を行う意欲が増進されるようにするため、必要な措置を講ずるものとする」と環境教育・環境学習の推進を約束した。二〇〇三年七月には「環境の保全のための意欲の増進及び環境教育の推進に関する法律」が議員立法で制定され、二〇一一年には「環境保全のための意欲の増進及び環境教育の推進に関する法律の一部を改正する法律」が公布、二〇一二年一〇月に完全施行されている。このように環境教育・環境学習が推進されるなかで、ESDもまた「ESD環境教育」として進められている。

日本国内のESDの事例を眺めてみると、文部科学省の管轄である大学や大学院などの高等教育機関がかかわる「持続的発展のための高等教育」、英語でHigher Education for Sustainable Development 略してHESDが多いことに気がつく。これは、文部科学省がHESDを推進する補助事業、たとえば二〇〇六〜二〇〇七年度「現代的教育ニーズ取組み支援プログラム」、いわゆる「現代GP事業」で「持続可能な社会につながる環境教育の推進」という分野を設定し、三〇もの大学の事業計画を採択した成果なのだろう。前述したように、二〇〇二年国連総会で「持続可能な開発のための教育（ESD）の一〇年」を提案した日本政府は、二〇〇五年末、外務省、文部科学省、環境省などの省庁を構成員とする「『ESDの一〇年』関係省庁連絡会議」を内閣に設置、二〇〇六年三月にはESD実施計画を策定した。この計画には、大学や大学院を含む高等教育機関においてHESDに取り組む、と記されており、さらに二〇一一年改訂版では、「大学や大学院に対しては、各分野の専門家を育てる過程で、ESDに関連した教育を取り入れる取組を促進します。また、世界や我が国が持続可能な社会を構築するための調査研究を実施する機関としての役割、各地域における主要な取組主体の一つとしての役割等を果たすことができるよう取組を支援します。さらに、持続可能な社会に向けて社会経済システムを変革するリーダーを育成するために、産学官民連携により、高等教育機関におけるプログラムの開発・導入等を支援します」とHESDの推進を明言した。[1]
　HESD事業は、その後、環境にかかわる国家戦略のひとつとして環境省に引き継がれている。「二一世紀環境立国戦略」（二〇〇七年六月閣議決定）は、持続可能な社会の実現を担う環境人材育成の必要性をうたい、環境省は「持続可能なアジアに向けた大学における環境人材育成ビジョン」（二〇〇八年三月）を策定して、「環境人材育成イニシアティブ」事業を展開した。「環境人材」とは、「自己の体験や倫理感を基盤とし、環境問題の重要性・緊急性について自ら考え、各人の専門性を生かした職業、市民活動等を通じて、環境、社会、経済の統合的向上を実現する持続可能な社会づくりに取り組む強い意思を持ち、リーダーシップを発揮して社会変革を担っていく人材」である。[2] 環境教育・環境学習が、「消費者や生活者として、環境保全に対する高い意識をもち、環境負荷の少ない商品やサービスを選択し、持続可能なライフスタイルを実践する『環境配慮型市民』」と、一般の人びとの暮らしを視野に置くのに対し、こうした人びとを主導する人材を大学で育成する、という趣旨のようである。

3　「社会貢献」から「たがいに学び合う」へ

若い世代は東京湾のゆたかさを知らない

江戸前ＥＳＤに話を戻そう。

東京海洋大学江戸前ＥＳＤ協議会は、二〇〇六年度環境省「持続可能な開発のための教育の一〇年」促進事業にその計画が採択されたことをきっかけに発足した。

もと東京水産大学である東京海洋大学海洋科学部では、何人もの教員が東京湾を研究のフィールドとしている。そこで、東京湾についてなにかまとまった研究をしよう、という話が以前から出ていた。若い世代の人たちが東京湾の本来のゆたかさを知らないことをもどかしく思い、なんとかしたい、という気持ちも（とくに年配の教員の間に）あった。さらに、自然科学系と社会科学系が連携した文理融合型研究や社会貢献事業をおこないたいという「天の声」もあり、これを東京湾でやろうという機運は（少し）高まっていた。こういう時期に環境省がＥＳＤ事業を公募したことから、東京湾でまずは「社会貢献」を始めようという話になって江戸前ＥＳＤ事業計画がつくられた。申請には地域活動のパートナーを務めてくれる団体が必要で、当時、「船の科学館」（東京都江東区）の学芸部長であった小堀信幸さんと、東京湾を漁場とする、まき網漁船大平丸船主で、東京湾三番瀬で活動するＮＰＯ法人「東京ベイアソシエイツ」代表でもある大野一敏さん（千葉県船橋市）にご協力を賜った。

「とにかく最初の会議で驚いた」

二〇〇六年一〇月に江戸前ESD事業計画が採択され、あらためて環境省に活動計画を提出することになった。当初から、知識の共有［カフェ］――東京湾の環境、生物、利用などについて講義を聴き知識を共有する、体験の共有［耳袋］――海に依拠して生活する方々の話を聞き、海（辺）を経験することで体験を共有する、理解の共有［寺子屋］――参加型ワークショップで理解を共有する、という三つの「共有」を活動の軸にすることは決まっていた。だが、具体的な対象やテーマについては絞り切れていなかった。そこで、二〇〇六年一一月、江戸前ESD協議会共同代表であるH教授が学内教員有志を招集し、初めて顔合わせをした。集まった教員約一〇名の専門分野は、魚類学、浮遊生物学、海洋物理学、漁業経済学、沿岸資源管理、環境教育、日本語教育とまったくバラバラ、とりわけ自然科学と人文科学とでは、たがいに異文化との遭遇である。

H教授はこのときの様子を、江戸前ESDの活動をまとめた書籍『江戸前の環境学』[3]につぎのように書いている。

> とにかく最初の会議で驚いた。……一体、私たち理系の教員は、何をどうすればいいのか、まったく理解が不能であった。……話の歯車は合わず、結局は、みんなが何を目標に、何をすべきなのか、それさえもわからない状態だったのが、最初の会議である。

川辺みどり・河野博編『江戸前の環境学――海を楽しむ・考える・学びあう12章』、東京大学出版会

話がかみ合わないながらも、まずは東京湾を仕事場としている方々に、海洋大が東京湾で地域連携教育活動をおこなうことについてのご意見をうかがおう、ということになった。そこで、その後の三カ月間は、環境教育、漁業者、市民団体、水族館・博物館学芸員などの方々を訪ねてお話を聞いたり、大学でワークショップを開いて話し合ったりした。そうこうしているうちに、江戸前ESDが当初掲げた「大学が一般の方々に教える社会貢献」とはちがう、「海の学び合い」のイメージができあがった。この間にお会いした方々は、まぎれもなく東京湾で生業を営む、東京湾の専門家である。海の資源や環境の変化の影響を直接受ける漁業者の方もいる。こういう方々と接するのに「教えます」といった態度はお門違い、とわかったからである。

4　地域の門戸をたたく

こうして江戸前ESDという小舟は、呉越同舟ながらも、船出の支度を調えた。ただし、舟の舳先をどちらへ向ければよいのかまではわからない。幸い、ここで二つの地域との出会いがあった。ひとつは大田区大森地区であり、もうひとつは港区芝地区である。

大田区大森地区で「のりかん」の活動プログラムをつくる

大田区大森地区は、かつての江戸前海苔の一大産地である。京浜急行電鉄の平和島駅を降り、旧・東海道である美原通り商店街をめざせば、海苔問屋がいくつもある。ここから東京湾に向かえば、大田区立海浜公園「大森ふるさとの浜辺公園」と「大森海苔のふるさと館」、通称、「ふるはま」と「のりかん」に行き着く。

北は江戸川河口から南は多摩川河口までの東京都内湾は、かつて全国有数の海苔生産地であった。一九五一年には東京都下一三の漁協で七万四一六〇柵、一九五八年には一五の漁協で八万三七一五柵からなる海苔漁場を営んでいた[4]。ところが、東京オリンピック開催を目前に控えた、国土開発めざましいころのこと、一九五六年首都圏整備法にもとづく東京港整備計画のために、一九六二年、東京都内湾の漁業者は漁業権の全面放棄を余儀なくされた。

なかでも海苔生産で全国に名を馳せていたのが大森地区である。養殖がもっとも栄えていた時期に生産を断念せざるをえなかった海苔養殖業者たちは、五十余年を経た今も、海苔養殖に強い思いを残している。「のりかん」が建てられたのは、かつて海苔生産にかかわった大森地区の住民の方々が大田区に強い要望を寄せたことによるという。

江戸前ESDが「のりかん」にかかわるきっかけを与えてくださったのは、大田区立郷土博物館学芸員の藤塚悦司《ふじつかえつし》さんである。当時、藤塚さんは、一年後の二〇〇八年四月に開館予定の「のりかん」

の活動プログラムづくりを任され（おそらくは頭を抱え）ておられた。一方、私たちも、江戸前ＥＳＤの活動をどこから手をつければよいか、少しばかり悩んでいた。たまたま藤塚さんに江戸前ＥＳＤの話をしたところ、じゃあ、いっしょに「のりかん」の活動プログラムをつくりましょう、という運びとなった。そこに、大田区で環境教育を実践して地元の小学校から厚い信頼を寄せられていた小《こ》山《やま》文大《ふみひろ》さん（現・認定ＮＰＯ法人海苔のふるさと会・理事）、および海洋大海洋政策文化学科四年生数名から一〇名が加わった。かれらのうち、日野《ひの》佑里《ゆり》さん、柳優香《やなぎゆか》さん、宮崎佑介《みやざきゆうすけ》さん、小林麻理《こばやしまり》さんの四人はここで卒業論文研究をおこなった。

　その後の半年間、私たちは「のりかん」のプログラムをつくるためのワークショップを毎月おこなった。コーディネーターはたいてい日野さんが務めてくれた。学生たちは、ワークショップのかたわら、小山さん主催の環境教育活動にお手伝いスタッフとして参加し、近隣の小学校児童とともに「ふるはま」の生きもの調査をおこなったりしている。さらに小山さんと地域のつながりから、もうひとつの近隣の小学校で海の環境について授業をやってみないか、というお話をいただいた。そこで、二〇〇七年一〇月、堀本奈《ほりもとな》穂《ほ》さん（東京海洋大学大学院・助教）が、栄養塩の循環を通してふるはまの生きものと私たちの暮らしとのつながりを考える授業、「おもしろ理科教室」を小学校でおこなった。この授業は、江戸前ＥＳＤとして初めておこなった海の環境教育である。

　そうこうしながらできあがったのが、二つの「のりかん」活動プログラム（図4-1）である。ひとつは、大森の町を歩きながら、ここに昔からお住いの方々に町の歴史を語っていただく「海苔の街

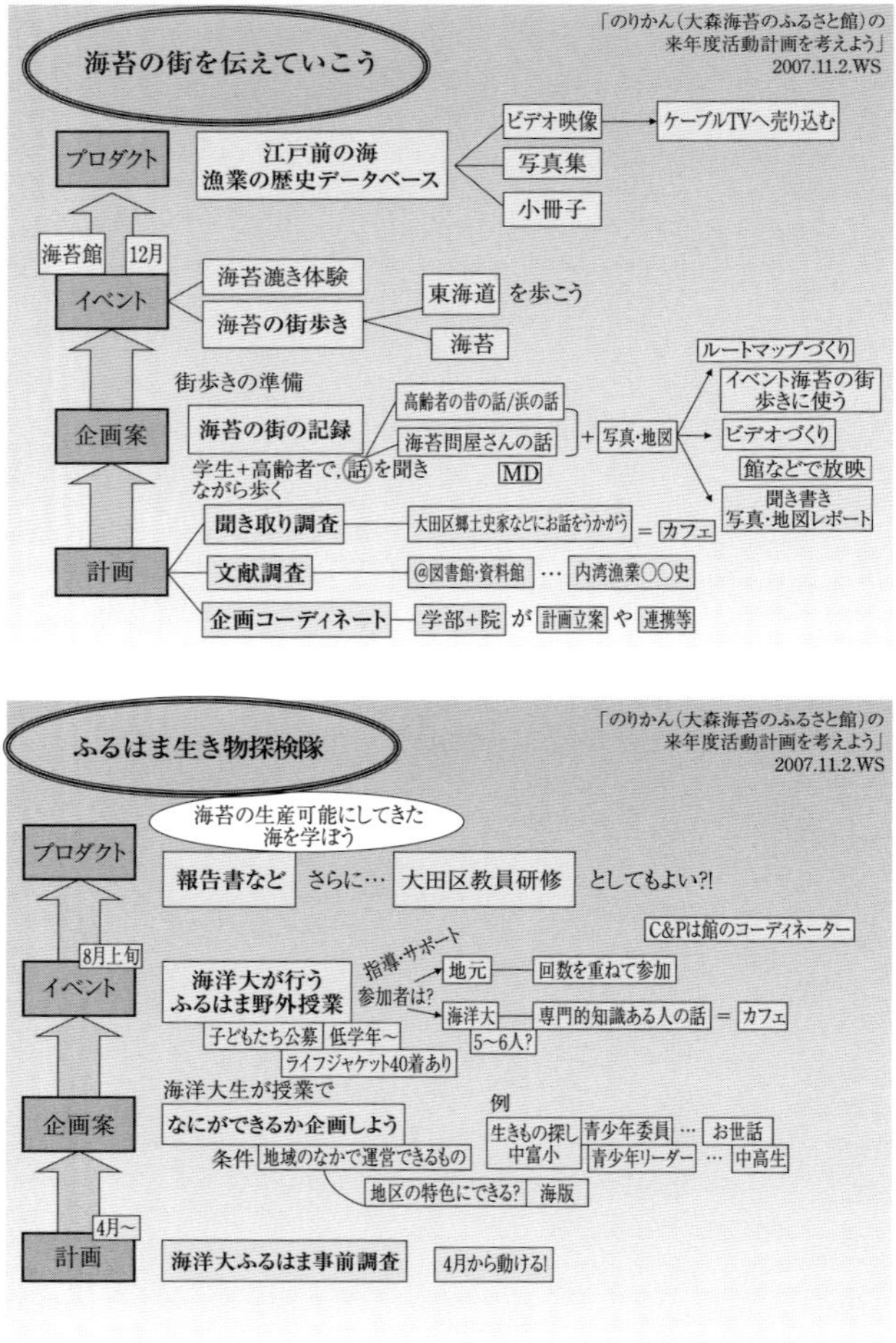

図 4-1　2つの「のりかん」活動プログラム（作画は日野佑里さん）．ひとつは，大森の町を歩きながら，ここに昔からお住いの方々に町の歴史を語っていただく「海苔の街を伝えていこう」，もうひとつは，小学生を対象とした，海辺の生きもの観察プログラム「ふるはま生き物探検隊」である．模造紙にポストイット紙を貼って作成したものを日野さんがデジタル化した．

を伝えていこう」、もうひとつは、小学生を対象とした、海辺の生きもの観察プログラム「ふるはま生き物探検隊」である。これらの活動プログラムは、いまも「のりかん」でおこなわれている。

ここでの江戸前ＥＳＤの活動については、江戸前ＥＳＤ瓦版第四号[5]に報告しているので、ご覧いただければ幸甚である。ちなみに、大田区の海苔生産の歴史については、大田区立郷土博物館が一九九三年に編集・発行した冊子『大田区　海苔物語』には、大田区の海苔生産についての、江戸時代からの色彩豊かな図絵、昭和初期から三〇年代までの海苔生産に従事する方々の写真、統計データといった資料がぎっしりと詰まっている。

港区では「どうしてだれもきてくれないの？」

大田区大森の「のりかん」プログラムづくりのゴールが見え始めたころ、東京海洋大学の地元である港区でも江戸前ＥＳＤの活動を始めよう、という話になった。

港区は東京タワーのおひざもと、都心三区のひとつである。だが、ＪＲ山手線の線路沿いに町を歩けば、かつての漁師町の面影をところどころに見つけることができる。たとえば、浜松町で電車に乗って田町駅へ向かえば、首都高速都心環状線が覆いかぶさる古川を渡る。このとき右手（西側）の東京タワー側に目を向けると、川岸に小さな船がびっしりと係留されている。その多くは昭和三〇年代に廃業を迫られた元・江戸前漁業者が経営する屋形船である。田町駅に近づけば、やはり右手に落語「芝浜」に登場する雑魚場《ざこば》、すなわち昔の魚市場の跡がある。そもそもこのあたりのＪＲ線は、一八七二（明治五）年に新橋から横浜まで、ほぼ海岸線に沿って敷設された線路を前身とする。

私たちが港区で江戸前ESD活動を始めるにあたっての頼みの綱は、港区芝の金杉橋に居を構え、スズキ刺網漁とアナゴ筒漁と屋形船・辰春《たつはる》を営む、六代目江戸前漁師の鈴木《すずき》晴美《はるみ》さんである。晴美さんは、芝地区の青少年教育についても活躍されていて、母校の子どもたちに海から町を見てもらおうと、毎年三年生全員を船に乗せての「運河めぐり」を二〇年くらいおこなっている。

二〇〇七年一月、私たちが江戸前ESDの活動をどう始めようかと模索していたころ、江戸前ESDのメンバーのひとりで、世間に広い人脈をもつ馬場《ばば》治《おさむ》教授の伝手で、晴美さんとお会いすることができた。その年の秋、港区で江戸前ESDをやろう、ということになった。そこで、晴美さんにご案内いただいてA小学校へうかがい、校長先生やPTA会長に江戸前ESDの活動をいっしょにしませんかと提案した。ところが、実際に児童保護者の方々をワークショップへとお誘いしたところ、ひとりの参加申し込みもなかったのは、本章の冒頭で紹介したとおりである。

これには後日談がある。同年一二月、これもまた晴美さんの計らいで、芝地区の三人の町会役員の方々とお話しする機会をいただいた。私たちは、ここで初めて、戦前から一九六〇年代に本格的な東京港開発が始まるまでの、地先の海と密接にかかわっていた芝地区の暮らしについて聴き、同時に、すっかり様相を変えた今の東京湾に興味をもてないという、昔ながらの住民の方々の心情をうかがい知った。

ワークショップ「どうしたらきてくれるの?」

本章のはじめにお読みいただいたのは、港区A小学校の保護者の方々とのワークショップを開くことができなかった二〇〇七年秋の一件について記した文章である。翌二〇〇八年二月一日、藤塚さん、小山さん、晴美さんら、地域で環境教育の活動をされている方々七名、海洋大生五名、教員六名で江戸前ESDの一年間の活動をふりかえるとき、まずこのテキストを読み、話し合いながら失敗の原因を分析した。これは、第7章で紹介する「ケース・メソッド」という手法である。

「どうしてきてくれないの?」という問いに対して出た意見を紹介すると、「むずかしそう」、「ESD・ワークショップってなに?」、「なんのために開くの?」、つまり、目的がよくわからないということのようだ。そして、「たいへんそう」、「わくわくしない」、「(ESD)リーダーといわれたら引く」、「子どもが楽しめない」、「体験活動がない」、つまり、イベントとしての魅力がないということらしい。さらに、「校長先生・PTAまかせでおたがいに顔が見えない」、「(東京海洋)大学がよく知られていない」、「キーパーソンが必要」、「子どもと別では(保護者は)こない」と、私たちには小学生や保護者の方々との間につながりがないことを指摘された。加えて、「大学までわざわざ」、「日曜日にわざわざ」、「急すぎる」と、場所や時期が悪いことも指摘された。

まとめると、どうしてだれもきてくれないかというと、ESDもワークショップも目的がよくわからない、イベントとしての魅力がない、児童とも保護者とも個人的なつながりがない、それなのにニーズも都合もかまわずに企画したため、ということなのだろう。

5　地域の海のパートナーをめざして

本章で紹介した、江戸前ＥＳＤの初期の二つの地域での経験のなかから、海辺で海の利用や管理について話し合う場をつくるうえでの教訓を引き出してみよう。

ひとつめは、《活動の焦点を地域の方々が求めるニーズに合わせる》こと。

大森地区で「のりかん」の活動プログラムづくりが円滑に進んだ最大の要因は、地域に切実なニーズがあったからだろう。「のりかん」開館を一年後に控えて活動プログラムを用意しなければ――と目的はきわめて明らか、開館予定時期から行政手続きにかかる時間を加えて逆算すれば、前年の何月までに完成させなければいけない、という時間的な制約も加わる。この切迫感は確かに活動を進める大きな原動力となっていた。

ところが、もう一方の港区では、私たちは江戸前ＥＳＤ活動を始めることに気をとられすぎて、地域住民が求め、かつ、私たちが共有できるような目標を設定できなかった。まず地域のニーズを考えなければ、地域の方々とともに活動はできない。

二つめの教訓として、《いろいろなチャンネルを通して地域の方々との関係を築く》ことをあげたい。

大森地区には、藤塚さんという、民俗学を専門とされる大田区立郷土資料館学芸員がいて、大森で海苔漁業にかかわっていた方々と長いおつきあいがあった。小山さんもまた、地元の小学校で環境教育の活動の実績を積んでいた。この二人の地元との関係を通して海洋大学生たちは大森地区で活動し、小学校の先生方とのつながりをつくった。それが、江戸前ESD初の海洋環境教育の小学校での実施へとつながったのである。複数の友好的なネットワークがあれば、それだけ人の交流はさかんになる。港区では、私たちは自分たちで地域との関係を築く努力を怠っていた（と後になって思いいたった）。

三つめの教訓は、《地域の方々と交流を進めるには、「仲介者」が必要である》ということ。

大森地区では藤塚さんと小山さんが、私たちのために地域の門戸を開ける役割を担ってくれた。芝地区で、最後に芝地区町会の役員の方々と膝を交えてお話ができたのは、晴美さんという仲介者の存在があったからである。かれらが長い時間をかけて地域で築いてきた信頼があってこそ、江戸前ESDは、大森地区では海の環境教育活動を始めることができ、芝地区では長老格の方々のお話をじっくりうかがうことができた。

さらに、予想外の収穫もあった。学生が地域と江戸前ESDをつなぐ「仲介者」となって、活動を牽引してくれたことである。

江戸前ESDがこの時期の目標としたことは、H教授の提唱による「江戸前ESDリーダーの養成」であった。江戸前ESDリーダーとは、東京湾の環境や生きものについて（ある程度は）知っているだけでなく、ESDプログラムを企画したり、話し合いを進めたりすることができる人材である。政府が「環境人材」を打ち出すよりずっと前のこと、この目標設定には先見の明があったといってよいだろう。実際に、この時期に江戸前ESDリーダーになるべく（と教員たちが勝手に期待していた）学生たちは、つなぎのカッパに長靴姿でふるはまの海に入り、投網をして生物生息調査をおこない、また、大学に藤塚さんと小山さんをお招きして「学生ワークショップ」なるものを開き、さらに、「のりかん」の活動プログラムをつくるうえで参考になりそうな、よその小さな博物館の取り組みなどの情報を集めては私たちにレクチャーをし、と期待以上の活躍をしてくれた。

しかも、学生は教員よりはるかに地域のなかにとけこみやすいのである。学生が昔の浜での暮らしについての話をうかがいたい、と大森地区のご年配の方々を訪問すれば、お茶やお菓子でもてなしながらていねいに教えてくださる。学生が浜辺で環境教育を手伝えば、子どもたちはかれらを慕ってついて歩く。たがいに理解しがたい異文化混成チームの教員たちが、藤塚さん・小山さんとともに「のりかん」の活動プログラムづくりという使命を全うすることができたのは、学生が主体的に活動してくれたおかげでもある。

このことから、「参加者が学び合う」ESDについて、あらためて考えさせられた。

伝統的な大学教育においては、教員は学生に専門知識を伝達し、学生の成績を評価することがあたりまえにおこなわれている。ところが、ESDは人びとの協働を大前提とし、協働は対等を前提とする。このようなESDを大学教育のなかで進めるということは、従来の大学教育における教員と学生の関係の枠から抜け出て、教員と学生とが新たな関係を築く覚悟を求められるということではないだろうか。

ちなみに、江戸前ＥＳＤは、小規模な予算事業で始まったことから、その後も大学組織に正式に組み込まれることなく、また、文部科学省事業の対象となることもなく、したがって文部科学省→大学の正統派ＥＳＤラインから外れたまま、現在も、海や漁業にかかわる方々といっしょにサイエンスカフェやワークショップなどを開いている。研究室の学生たちは教員にとって頼りになるパートナーだが、ほぼ毎年入れ替わるので、次世代への継承、つまり持続可能性は江戸前ＥＳＤのテーマでもある。

第5章——海辺で学ぶ——環境教育の実践

1　葛西臨海公園にて

「私がこれからいうことに、『そうだ』、という人は一歩前進してください」

「今日、朝ご飯をたくさん食べてきた人！　あれ、食べてきていない人がいますね」

「今日、たんけん隊を楽しみにしてきた方！　わあ、うれしいですね」


二〇〇九年六月二〇日の朝、東京湾奥部にある葛西臨海公園（東京都江戸川区）の水上バス船着き場では、有馬優香さん（当時、東京海洋大学海洋科学部海洋政策文化学科四年生）のほがらかな声に応えて、円陣を組んだ三十数名の大人と子どもがさんざめきながら前に後ろに動いていた。葛西臨海たんけん隊プログラム「海のなかの見えない世界をたんけんしよう」の始まりである。このプログラムは、東京海洋大学江戸前ＥＳＤ協議会と任意団体「葛西臨海・環境教育フォーラム」（現在は一般社団法人、代表は福井昌平氏）との初めての協働事業であり、その準備から実施にいたる過程のなかには、双方の海の環境教育にかかわるいろいろな期待が込められていた。有馬さんがおこなった、学生による進行（ファシリテーション）もそのひとつである。

この章では、海辺に学ぶ、その手始めとして、まずは「正調・環境教育」である、海辺でおこなわれる教育プログラムについて考えよう。ここで提起される課題に対して、葛西臨海たんけん隊の海のプログラムをひとつの解として紹介したい。そして、それでもなお残る課題を整理しておきたい。

2　海辺の教育プログラム

東京湾で考える海辺で学ぶプログラムの課題

前章では、環境教育・環境学習や「持続可能な開発のための教育（ＥＳＤ）」について紹介した。環境教育・環境学習であれＥＳＤであれ、私たちが海辺について学ぶ、その究極の目標は、今の世代が享受している海の生態系サービスを将来の世代も同じように享受できるような「海辺の持続可能な利用」の実現であろう。そのための海辺の学びのプログラムはどういうものか。これを東京湾奥部「江戸前の海」について考えてみたい。

東京都、神奈川県、千葉県といった首都圏にぐるりと囲まれた東京湾は、長さ約五〇キロメートルの細長い袋の底を北東方向に向けて置いたかたちをした閉鎖性内湾である。水域面積一三八〇平方キロメートルとけっして大きくはないが、流域人口は約二九〇〇万人、日本の全人口約一億二七〇〇万人の二三パーセントにものぼる。[1] これだけの人びとの活動を支え、排水を受け入れ、首都機能を維持する東京湾は、世界でもっとも過密に利用されている海である。

東京湾を逆さまに置いた袋に例えたとき、その底にあたる湾奥部には、一〇〇年前には干潟と浅い海が広がっていた。この海のゆたかさを如実に語るのが、一九〇八（明治四一）年に当時の千葉県君津郡で水産業の指導的立場にあった泉水宗助《せんすいそうすけ》氏が農務省の認可を受けて発行した『東京湾漁場図』[2]である。この漁場図では、湾のいたるところに「にら藻」（コアマモ）、「あぢ藻」（アマモ）といった海草の群落場があり、「あさり場」、「はまぐり場」といった貝が採れる場がある。漁場としては「打網《うちあみ》（投網）場」、「腰巻《こしまき》場」、「ゑび桁網《けたあみ》場」、「だつ流網《ながしあみ》場」などが記入されていて、じつにさまざまな魚介類を対象として、これまたさまざまな漁業が随所で営まれていたことがうかがえる。

ところが、これだけの多種多様な漁を可能たらしめていた干潟や浅場は、首都・東京を中核に進められた近代化の歴史のなかで、とくに戦後から現在にいたる大規模な沿岸開発によって、そのほとんどが失われた。今、東京湾の海図を見れば、千葉県の盤洲干潟を除くほぼすべての海岸線が埋立地特有のぎざぎざとした線で縁どられている。とくに江戸川と多摩川の河口を結んだ線の西側である東京都内湾では、港湾施設や廃棄物処分場など都市機能施設が置かれた人工島が「海面」の大部分を占めている。

東京湾でも、高度経済成長期には、臨海工業地帯の工場から排出される水銀、ＰＣＢなどの化学物質や有機物による水質汚濁が大問題となった。だが、一九七〇年以降の環境行政や産業構造の変化によって公害は沈静化した。現在の東京湾で、一九七〇年代のようにつねに悪臭が漂っていることはない。しかし、だからといって、環境が良好な状況にあるともいえない。流域人口二九〇〇万人の生活やさまざまな産業活動から出される排水は豊富な窒素やリンを湾にもたらしている。富栄養化した湾ではプランクトンが繁殖し、その有機物による汚濁はとくに東京都内湾で慢性化している。夏期には、沈殿した有機物が海底の酸素を消費して貧酸素状態を招き、生きもののへい死を引き起こしている。

そして、こんな状況がよくわかるほど、東京湾の環境に関する情報は充実しているし、入手しやすい。水質汚濁防止法がさだめる「公共用水域」である東京湾では、「環境基準」（人の健康の保護、及び生活環境の保全のうえで維持されることが望ましい基準）が満たされているかどうかを調べるために、数多く設定された測点で一九七〇年代から毎月水質が調査されている。これらの環境についての数値データは豊富に蓄積され、一部は行政機関のウェブサイトで公開されたりもしている。また、国土交通省関東地方整備局港湾空港部では、「東京湾環境情報センター」をウェブ上に設け、小学生から専門家までさまざまなレベルの利用者に向けて環境情報を提供している。

戦後の日本の経済開発の縮図を見るようなこの東京湾を舞台に環境教育をおこなうとしたら、どんなプログラムを設計したらよいのだろうか。どんな内容をどのように伝えれば、参加者にこれからの東京湾のありようにまで思いをはせてもらうことができるのだろうか。

戦後の開発にともなう急激な変貌を経て今の東京湾があることを思えば、「水質」と「埋立」は環境教育のテーマとしてかならずあげられるだろう。また、海の持続的利用を学ぶうえで、江戸前の漁業を含め「生きもの」は外せない。これらについて、たんに字面で知識を得るのではなく、沿岸や流域の人びとの暮らしや社会のありようとのかかわりも知りたい。できれば、東京湾での体験学習も盛り込みたい。

意外に思われるかもしれないが、東京湾岸では自然体験活動があちこちでおこなわれている。わずかに残された自然干潟の三番瀬や盤洲干潟では、貝やゴカイのような底生生物、ハゼなどの魚、渡り鳥など、海辺の生きものの観察会が定期的におこなわれている。一方、お台場や大森の埋立地の海岸でも、人工海浜が造成されたりしたところでは、かつての漁業者や市民団体が、ノリを網で育てて摘み、海苔漉きをして生産過程をひととおり体験する機会を子どもたちに提供している。埋立地の地先の海で、稚仔魚の揺籃場になるアマモ場の再生に努めている市民団体もある。

3　海辺を楽しく学ぶインタープリテーション

楽しく学び考えるために

海辺でみずからの五感を使って体験する活動は楽しい。だが、楽しいだけで、みずから思うところがなければ、なにかを学ぶことはできない。学びのワクワク感がなくては、楽しさも続かないだろう。体験を「楽しかった」で終わらせないで、干潟や浅瀬の意義を感じ、そこからさらに深く考えるところへとつなげたい。

では、楽しく学び、かつ、深く考えるためのプログラムとはどのようなものだろうか。

ここではその鍵として、「インタープリテーション」を紹介したい。

インタープリテーションとは、「自然・文化・歴史（遺産）をわかりやすく人々に伝えること」。ただし、伝えるのは、自然や文化や歴史についての知識だけではなく、「その裏側にある〝メッセージ〟を伝える行為」であるという[3]。このインタープリテーションを専門的な仕事としておこなうのが「インタープリター」である。かれらは、環境教育・環境学習が国家政策のひとつとしてのお墨付きをもらうずっと前から、自然体験にもとづく環境教育を実践してきた。

こう聞くと、多くの人は環境省の自然保護官、通称「レンジャー」を思い浮かべるかもしれない。

環境省のレンジャー制度は、米国の国立公園の制度をまねて、一九五三年に日本各地の国立公園に一二名の現地職員を配置したことに始まる。現在、環境省のレンジャーは、全国七つの地方環境事務所や、その下に設けられた自然環境事務所や自然保護官事務所で、国立公園や自然環境保全地域や世界自然遺産地域の管理、野生生物の保護、森林や海岸などの保全や自然再生事業に従事している。レンジャーは、「環境教育の推進」もおこなうが、職務の本質は、国立公園や自然保護地域内の資源環境の利用管理である。

一方、日本のインタープリターの原型もまた、米国の、ロッキー山脈のような大自然のなかで活動したネイチャーガイドを起源として、おもに森林の自然環境を舞台に活動してきた。その草分けといえば、「公益財団法人キープ協会」で環境教育の専従職員として活躍した、川嶋直《かわしまただし》さんであろう。

キープ（ＫＥＥＰ）とは「清里教育実験計画（Kiyosato Education Experimental Project）」の略である。キープ協会は、戦前に米国人のポール・ラッシュ博士によって八ヶ岳南麓につくられた、キリスト教指導者研修施設・清泉寮が始まりである。戦後は、農村共同体における「食糧・健康・信仰・青年への希望」の理想を実践していたが、一九八〇年代からは環境教育に力を入れ、「日本野鳥の会」と「両財団協力して、キープの敷地の自然環境を保全すると共にこの地を自然教育の拠点として行くこと」を決め、指導者養成事業や小学生を対象とした環境教育プログラムを開始している。日本の環境教育のさきがけである。

ある日のインタープリテーション・プログラム

かれらインタープリターがおこなう環境教育のプログラムは、参加型ワークショップ[4]と同じように、「アイスブレイク」に始まり、「アクティビティ（活動）」をおこなって、最後に「ふりかえり」をする。

それぞれどのようなものかを簡単に紹介しよう。

はじめの「アイスブレイク」は、料理のコースでいえば前菜である。メインディッシュを味わう前に、お腹と心の準備をするためにいただく。たとえば、こちらもキープ協会で環境教育を専ら担当している鳥屋尾《とやお》健《たけし》さんが葛西臨海公園で親子十数組を対象におこなったプログラムのアイスブレイク「『こんにちは』の時間」は、つぎのようだった。まず、参加者にプログラムの予定を紙芝居にして見せながら説明する。そしてスタッフ全員が自己紹介をした後、スタッフも参加者もいっしょになって円陣をつくり、本章の冒頭で有馬さんがおこなっていたような「アンケート」をとる。それから参加者を数組に分けるために、手描きの鳥や魚の絵をジグソーパズルにしたものの一ピースを手渡し、参加者どうしに同じ絵をもつ人たちを探してグループをつくってもらう。さらに、二人ずつペアになって、軽く組み体操をおこなう。アイスブレイクは、プログラムの参加者一人ひとりが活動を始める前に心と身体を整える活動である。と同時に、この場で初めて出会う参加者どうしがこれからの数時間をともに楽しく過ごせるような雰囲気をつくるための活動でもあるのだ。

続く「アクティビティ」は、コース料理でいえばメインディッシュ、おまちかねの自然環境体験である。古瀬《ふるせ》浩史《こうじ》さんと渡辺《わたなべ》未知《みち》さんのインタープリター・コンビによる海辺のプログラムでは、ここで多彩な手づくりの小道具をつぎつぎと繰り出して見せてくれる。一〇〇円ショップで売っているルーペを二枚重ねてテープで取っ手をぐるぐる巻いた「顕微鏡」、干潟の砂のなかに潜む生きものがつぎつぎと現れる「飛び出す紙芝居」、参加者が思い思いに絵を描き入れる「指令書」などの小道具が、まるでドラえもんのポケットのように、つぎつぎと出てくるのである。

そして、最後に、インタープリターがおこなう環境教育プログラムのフィナーレをかざる、「ふりかえり」をおこなう。コース料理でいえばデザートにあたるわけだが、あなどるなかれ、これがメにあってこそ、参加者はコース全体の料理を反芻し、その深い滋味を味わい尽くすことができる。ある日の葛西臨海公園のプログラムでは、まず、全員がそろったところで、「みんなの元気度をチェックします」と、元気な人は親指をあげて、そうでない人は下げて、と参加者たちの心をひとつにまとめたところで、大きなスケッチブックを紙芝居にして見せながら、一日の活動をふりかえった。そして、絵具で色彩も鮮やかに公園の見取り図を描いた大きな模造紙を壁に貼り、「見つけたものを教えっこします」と、参加者全員にポストイット紙を貼ってもらったり、直接書き込んでもらったりする。さらに、「おうちに帰って、お父さんやお母さんに教えたいことはなんですか」と発言を促した。

今、この原稿を書きながら思い返しても思わず笑みがもれるほど、この日のプログラムは細部のひとつひとつが楽しく学べるように工夫が施されていて、明るく楽しい雰囲気が全体を包み込んでいた。

海辺の体験は楽しい。そこにもし、自分なりの発見があり、それを好きな人たちと共有し、共感できれば、もっと楽しい。インタープリテーションは、たんなる「わかりやすく伝える」技術ではない。再び料理でたとえれば、食事を楽しく（もちろん安全に）いただけるように念入りにテーブルセッティングされた席で、前菜→メインディッシュ→デザートという流れを考えて設計されたコースを、そのひとつひとつを深く味わうようにと、小道具とインタープリターの技をフルに使ってつくられた、まさにフルコースなのである。

4　葛西臨海たんけん隊——海プログラム

「科学の知」の品質保証

このように味わい深いインタープリテーション・プログラムではあるが、課題もまたあろう。そのひとつが、プログラムのなかで伝える科学的知識の品質保証である。

環境教育インタープリターの先駆者・川嶋直さんは、海洋大での講演のなかで、インタープリテーションの極意は「見えるものを通して、見えないものを伝える」ことであると述べていた。川嶋さんのいう「見えないもの」には、ものごとの理《ことわり》もまた含まれている。たとえば、「東京湾の水が富栄養化する→植物プランクトンが繁茂する→貧酸素が起きる」という一連の過程は、自然界の複雑な現象を表す理である。海のなかで起きる現象には、このように発生メカニズムが堅固に理論化されているものはいくつもある。だが、実際にはいろいろな因子が絡み合うので、いつもまったく理論どおりにその現象が起こるわけでもない。また、今も観測を重ねデータを分析して、そのメカニズムを明らかにしようとしている現象もたくさんある。繰り返しになるが、海の環境や生きものや生態系に関する科学的知識はつねに更新されている。その科学分野の専門家である研究者とは、すでに定説としてあつかってよい領域とまだ諸説ある領域の境界部分、つまり、よくわかっていることとまだよくわかっていないことの境目がわかる人、それをきちんと説明できる人、ではないだろうか。

葛西臨海・環境教育フォーラムからのおさそい

環境教育プログラムで深く学ぶためには、そこで提供される知識に対する信頼が欠かせない。だが、インタープリターは研究者ではない。そのプログラムで、つねに更新されている「科学の知」をどう担保するのかは、ひとつの課題であろう。

これに対する答えとして、大学や研究機関に勤務する研究者との協働を勧めたい。そして、その一例として、二〇〇九年六月二〇日に東京海洋大学江戸前ＥＳＤ協議会（以下、江戸前ＥＳＤ）と「葛西臨海・環境教育フォーラム」（以下、フォーラムと呼ぶ）が葛西臨海・海浜公園で実施した海洋環境教育プログラム「海の中の見えない世界を探検しよう」（以下、海プログラムと呼ぶ）を紹介しよう。フォーラムは、二〇〇五年に愛知県で開催された「愛・地球博」にかかわったプロデューサー福井昌平さんたちが、万博終了後に環境教育を継続しておこなおうと立ち上げた、インタープリター、NPO法人や企業などからなる団体である（初代会長は岡島成行さん）。かれらは、東京湾に着目し、環境教育活動の場を葛西臨海公園・海浜公園（東京都江戸川区）にもとめた。都心からアクセスしやすく、園内には水族園や鳥類園や二つの人工海浜（西なぎさ、東なぎさ）がある、まさに環境教育にうってつけの場である。ここで紹介する海プログラムは、フォーラムが二〇〇九年初夏から秋にかけて二〇回開催した有料の環境教育プログラム「葛西臨海たんけん隊（以下、たんけん隊）」のなかで、唯一、海洋環境をテーマにしたプログラムである。

二〇〇八年八月、フォーラム事務局を務める宮嶋隆行《みやじまたかゆき》さんが、子ども科学館研究所代表の澁谷美樹《しぶやよしき》さんとともに、江戸前ESDに会いにいらっしゃった。宮嶋さん曰く、東京湾で環境教育をおこなうにあたって仁義を通しにきた、とのこと、葛西での企画について教えていただき、ついでに、いっしょにやりませんかとおさそいいただいた。

このころ、江戸前ESDは、「海辺の持続可能な利用のしくみづくり」につながる活動を東京湾岸地域でどう広げていくのか、（少しだけ）悩んでいた。島国である日本の社会において海洋教育の重要性は論をまたず（と、少なくとも海洋大の教員は考える）、また、「海洋基本法」によれば、海洋環境についての理解を社会に広める教育の牽引役として大学が期待されている。しかし、研究者は、研究の訓練は受けているものの、社会にわかりやすく伝えるための訓練など受けてはいない。前年からおこなっていた、大森海苔のふるさと館のプログラムづくりはうまくいったものの、さて、これからどうしようか。そんなことを話し合っていたころである。

この宮嶋さんたちとの出会いをきっかけに、フォーラムと江戸前ESDとの協働による小学生を対象とした海プログラム企画は始まった。

海プログラムの準備

まずはじめにしたことは、プログラムの進行役、ファシリテータを務める学生探しである。

江戸前ESDは、地域で持続的発展教育（ESD）を実践できる、江戸前ESDリーダーの育成を目的としている。もっとも身近な対象は、海洋大生なので、海プログラムではファシリテータを学生にまかせよう、という話になった。その学生が、本章冒頭に登場いただいた有馬優香さんである。これが決まってから有馬さんは、フォーラムが開催した計二〇回もの環境教育プログラムにインターンリターのインターン（まぎらわしいが）として参加し、実地で、プログラム参加者への接し方、小道具を用いたアイスブレイク、わかりやすく伝える技、安全管理などなど、フォーラムのインタープリターの方々のさまざまなノウハウを学んだ。さらに、これは想定していなかったことだが、フォーラムと江戸前ESDの間の連絡係まで務めてくれた。

それから、海プログラムの構成を策定し、教材や観測機器などの準備をおこなった（図5-1）。海プログラムは、《船上での観測》→《プランクトンの観察》→《研究者による講義》→《ふりかえり》

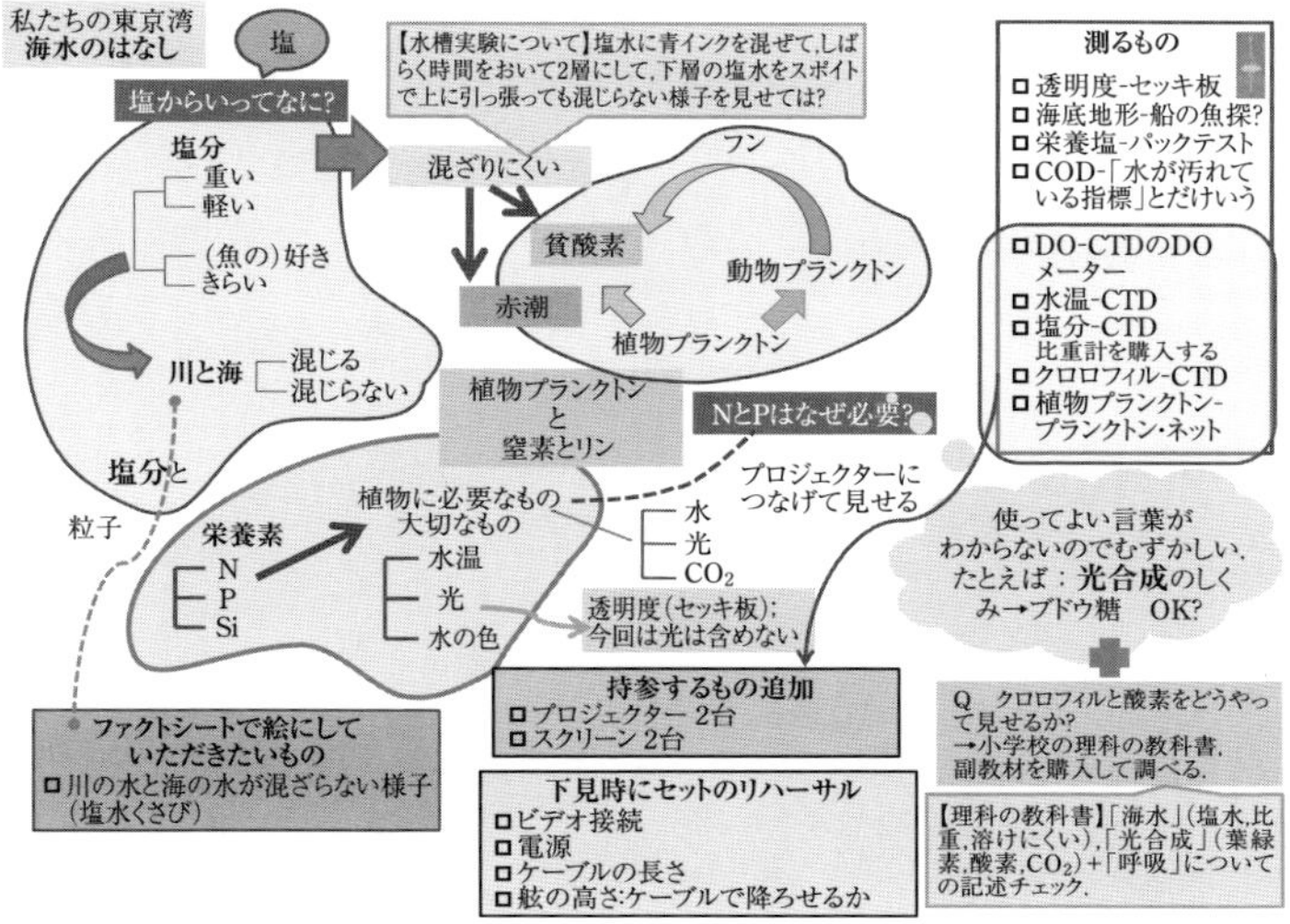

図 5-1　海プログラム相談のメモ.
ホワイトボードに書いたものをデジタル化して共有した.

からなる。準備の大きな部分を占めたのは、観測機器の準備と参加者に配布する教材の作成であった。

《船上での観測》で用いる機器として、深さごとの海水の電気伝導度（塩分）・水温を調べるＣＴＤ（電気伝導度・温度・水深計）と、船上から海のなかに沈めて何メートルまで見え続けるかで水の透明度を測るセッキ板、そしてＣＴＤの結果を船内の参加者にリアルタイムで見せるモニター類を準備した。《プランクトンの観察》で用いる顕微鏡や、水の通電実験と比重実験の器具は、参加者全員にいきわたるだけの数を用意した。観測や実験の準備はおもに石丸隆・葛西臨海たんけん隊・隊長（江戸前ＥＳＤ共同代表）が担当した。石丸隊長は、水の通電実験のためにダイオードを秋葉原で求め、また、釣り用の浮き

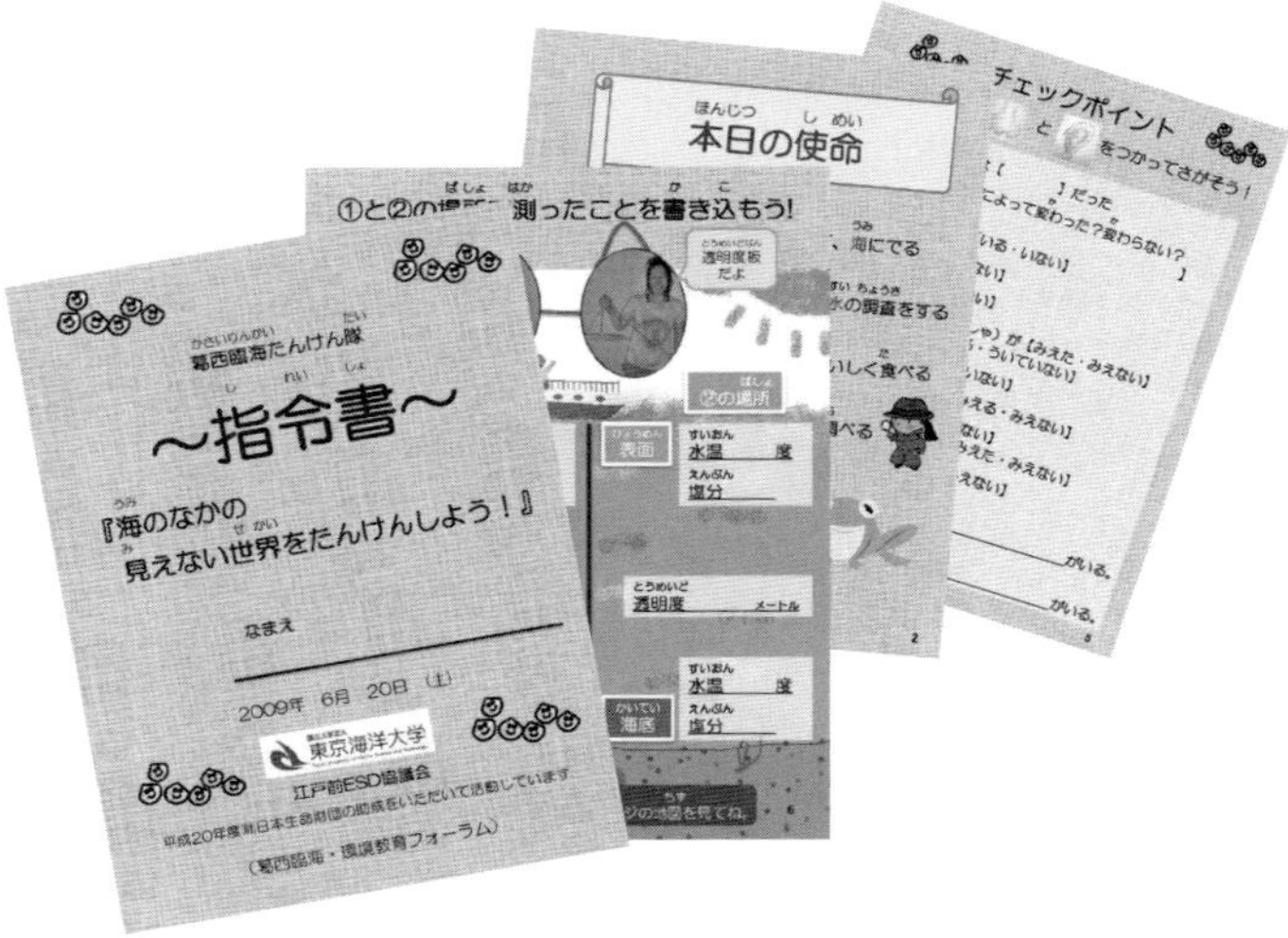

図 5-2 葛西臨海たんけん隊——海プログラムの「指令書」（一部）.

を用いた比重実験器具を、淡水魚をご専門とする丸山隆《まるやまたかし》博士にご助力いただきながら、四〇個くらいを（楽しそうに）作成されていた。

参加者に配布する「指令書」（図5-2）とファシリテータがアイスブレイクで使用する紙芝居や海の生きものの絵、ふりかえりで用いる付箋や模造紙など、さまざまな小道具もつくった。「指令書」とは、当日のスケジュールや現地の地図や観察結果の記録用紙を束ねた冊子である。インタープリターの方々がつくっているのを見て、まねさせていただいた。こうした小道具は、おもに有馬さんが同級生たちに協力してもらいながら作成した。また、葛西臨海たんけん隊のおもな参加者は小学四～六年生の児童なので、小学校低学年の生活科と小学校中高学年の理科の教科書を見て、学年ごとに学ぶ理科用語を調べた。ここでも有馬さんががんばってくれた。

そのうえで、海プログラムの《講義》で見せるパワーポイント資料「東京湾と私たちの生活」を用意した。

江戸前ＥＳＤでプログラムを実施する際にもっとも悩むのが、運営にかかわる事務である。だが、海プログラムでは、関係者間の連絡、施設の使用許可、参加者の募集と受付、傷害保険の加入、といった数々の手続きをフォーラム事務局の宮嶋さんが担当してくださり、大いに助けられた。

海プログラムをやってみて……

こうして実施された海プログラムについては、有馬さんが「江戸前の海　学びの環づくり」瓦版第九号で紹介している。東京海洋大学江戸前ＥＳＤ協議会のホームページに掲載してあるので、ぜひご覧いただきたい。[5] 結果だけをいえば、大成功であった。

評価のため、プログラム終了後に参加者全員にふりかえりシートに記入していただいた。これを見ると、参加した小学生と保護者からの評価は総じて高い。一点から四点までの点数評価（満点＝四点）では、参加した小学生は全員四点満点、「ものすごく楽しかった」、「また参加したい」と感想を書いている。保護者を含む大人の参加者の総合評価も平均三・七点と高かった。プログラム内容の項目別では、「初めてプランクトンを見た」、「顕微鏡を使った」など、プランクトンの顕微鏡観察や水質実験などの「体験」についての記述が多かった。大人の参加者からは、年齢に応じて難易度を変える、水上バス乗船をより体験的にする、などの要望もあげられていた。

当日のスタッフとして参加したフォーラムのインタープリターや事務局からの評価は平均三・三点、参加者の評価よりやや辛口だが、なかなかの高得点である。アンケートや、スタッフの反省会での発言によれば、最先端の科学的知識を子どもたちに直接、提供できる、体験活動に大学の最新機器を持ち込み、大学の授業や研究と同じ「本物」にふれられる、専門分野の正しい情報を客観的に伝達できる、伝える情報量がインタープリターより多い、などがある。ひとことでまとめると、提供する科学的知識の質が高く評価された。ただし、その知識を「わかりやすく伝える」ことについては手厳しい意見をいくつもいただいている。たとえば、「(専門用語の使用が)参加者にはむずかしく感じることがあった」り、「説明内容がうまく参加者に伝わらないことがあり、参加者に不安を感じさせてしまった」、「専門用語をわかりやすく小学生に伝える工夫が必要」などなどである。

海プログラムは環境教育の課題にどう応えたか

江戸前ＥＳＤがインタープリターとの協働にもっとも期待したのは、「伝える技」を学ぶことであった。そこで、海プログラムの設計にあたっては、かれらインタープリターが実践している、わかりやすく伝えるための工夫をずいぶんまねさせていただいた。

まず、プログラムの全体設計を考えた。

プログラムをつくるとき、たいていの人は、なにを伝えるか、その内容や項目にまず心を向けるのではないだろうか。ところが、インタープリターは、プログラムの全体像とともに、参加者の心持ちをも描きながらプログラムを考える。たとえば、かれらが葛西臨海公園を環境教育の場と定めるにあたって設定したコンセプトは「葛西りんかい公園は江戸前ミュージアム」であった。そして、二〇回におよぶたんけん隊プログラムの共通テーマとして「生きものにとって多様な生息環境の重要性」を掲げた。さらに、「参加者になってほしい気持ち」を問うて、「葛西りんかい公園は、生きものにとって貴重な場所だなあ」、「生きものにとっていろんな環境があることが大事なんだなあ」と設定していた。学習目標に「気持ち」を設定するというのは、私たちの想定を超えていた。だが、体験を重んじるプログラムでは、確かに重んじるべきことである。

そこで、海プログラムでは、かれらにならって、コンセプトとして「海のなかの見えない世界をたんけんしよう」を、テーマとして「『豊かな江戸前』のための初めの一歩」、「江戸前の海と私たちの生活」、「海と川とのつながり」を設定した。そして、「参加者になってほしい気持ち」として「海と川――とくに江戸前――は海の生きものにとって大事なところなんだ」、「私たちの目にふれない海のなかと私たちの生活はつながっているんだ」と実感することを学習目標とした。このように、コンセプト、テーマ、そして「参加者になってほしい気持ち」まで設定したことで、実践するスタッフは、目標を明確かつ具体的に共有することができたと思う。

インタープリターたちがプログラムのはじめにおこなった、身体を動かすアイスブレイクもまた、新鮮であった。だが、ちょっと考えれば、きわめて合理的でもある。アイスブレイクは、参加型ワークショップの始まりに、参加者が話し合いやすい雰囲気をつくるためによくおこなう活動である。江戸前ESDでも、室内で開くワークショップではかならずおこなっている。だが、野外での体験活動を含む葛西臨海たんけん隊では、雰囲気をつくるだけでなく、体を動かす体験活動をおこなう前の準備運動をも兼ねていた（と後で気がついた）。

さらに、インタープリターの小道具の使い方には、「目から鱗が落ちる」感がある。アイスブレイクや自然観察などのアクティビティではもちろんのこと、プログラム最後の「ふりかえり」でも大きな模造紙に描いた絵を用意してその日一日の流れを視覚化し、体験したことを全員でふりかえり、体験から得たものを共有するツールとした。こうした小道具の使い方も、海プログラムのファシリテータ、有馬さんが、たんけん隊で経験しながら学んだことであった。

一方、インタープリターからは、大学教員の知識や技術を学ぶよい機会であったという感想をいただいた。インタープリターの多くは、自然の事物について博物学的に広い知識をもっている。だが、専門分野の最新の知見や機器にふれることは、あまりない。研究者である大学教員との協働は、インタープリターが最新の機器を使い、専門知識を更新し、自信をもって解説していくための学びの機会になる。

5　海辺の環境教育をふりかえると……

インタープリターによるプログラムは楽しく深く学ぶ機会を与えてくれる。大学や研究機関などと協働すれば、提供する科学的知識をつねに新鮮で最新のものに保つこともできる。だが、それでもなお残る課題がある。最後にそれをあげておきたい。

参加費だけでプログラムの経費をまかなうのはむずかしい

ひとつめは、プログラム実施にかかる経費の問題である。

環境教育にお金の話なんて、と思われるかもしれないが、これはとても大切なことである。なぜなら、インタープリテーション・プログラムを実施するうえでの最大の課題は経費、とくにこれを生業とするインタープリターの人件費なのだから。

海プログラムの場合、フォーラム側の人件費と水上バス貸切代は、フォーラムの活動を支援する企業からの寄付でまかなわれた。一方、学生スタッフの人件費や教材費は、江戸前ＥＳＤがある財団からいただいていた助成金で負担した。

もし、これだけの内容のプログラムを参加者二十数名から徴収する参加費だけでまかなおうとすれば、きわめて高額になってしまう。しかし、気軽に参加できないくらい高額なプログラムでは、フォーラムの、身近な海辺で環境教育をおこなうという趣旨に反してしまう。ここにジレンマがある。活動を継続していくためには、寄付がない場合も想定して、参加者が支払う参加費で経費をまかなえて、かつ、それなりに楽しく学べるようなプログラムの考案は今後の課題である。

大学には海辺の環境教育を提供する体制が整っていない

もうひとつは、江戸前ＥＳＤのある大学側の課題である。

ここで紹介した海プログラムの運営については、フォーラム事務局にその多くを負った。それでもなお、参加した大学教員たちは、教材を用意する時間の工面、海プログラムを手伝ってくれる学生スタッフの確保、顕微鏡など機材の運搬など、プログラムの内容を充実させる部分で苦労し大きな負担を感じていた。

もし、大学あるいは研究機関が、こうした海洋環境教育活動を教員や研究者に期待するのであれば、プログラムの運営を担うコーディネータの設置を考えていただきたい。こうした部署の有無が、その大学や研究機関が海に対する理解を社会で広めたり深めたりする役割を果たすかどうかの分岐点になるのではないだろうか。

「正調・海辺の環境教育」にも限界がある

最後に、こうした「正調・環境教育」を、「海辺の持続可能な利用のしくみづくり」の基盤構築のひとつの活動として見たときの課題をあげたい。

「海辺の持続可能な利用のしくみづくり」には、人びとの、海辺の資源や環境の利用にかかわる対話が必要である。もちろん、人によってもっている知識や情報の量も質も異なる。その差異を認め合い、そのうえで、ともに問いをもち、答えを出し合い、新たなしくみを考案する。このような場で前提となるのは、対等な関係による協働、パートナーシップである。

環境教育プログラムによる「正調・環境教育」は、人びとが海辺について考える絶好の機会を提供する。その価値についていささかの疑義も申し立てるものではない。だが、もし、「教える人」と「教わる人」という、二つの立場が固定されていたならば、「教わる人」は「教える人」のつくった枠の外へ踏み出すことができないだろう。

実際に環境教育プログラムを実施してみれば、「教える人」が「教わる人」とやりとりするなかで、環境や生物や、その利用のしかたや考えかたについて、新たなことを知ったりする場面も、今までの自身の考えに疑問をいだいたり、意見や見方を変えたりする瞬間もあるはずだ。それは、パートナーシップによる学びの場であり瞬間である。

それゆえ、環境教育のプログラムにおいても、「教える人」がはじめに設定した価値観や前提の枠組みについて「教わる人」とともに見直すような活動をつけ加えること、心にそのくらいのゆとりをもって実践することが、「正調・環境教育」を「海辺の持続可能な利用のしくみづくり」の基盤構築のひとつとして位置づけるためには必要ではないだろうか。

第6章——海辺を語る——おさかなカフェの試み

1　科学者と人びとが語り合う

この章では「おさかなカフェ」について紹介したい。カフェといっても、魚を食べさせる店のことではない。海と魚について、その道の専門家である人たちの話を聴き、その場にいる全員がたがいに質問を投げかけ意見を述べ合う、そういう場を「おさかなカフェ」と呼んでいる。おさかなカフェは、海や魚をテーマにした「サイエンスカフェ」である。まずは、サイエンスカフェとはどういうものか、から話を始めたい。

科学技術を社会に取り戻す

サイエンスカフェとは、街なかのカフェのような気楽な場所に集い、ふだん考えたり話し合ったりすることが少ない自然科学や高度技術について、専門家の話を聴き、語り合う場である。会場は喫茶店でも居酒屋でもバーでも、参加者がくつろいだ雰囲気のなかで話し合うことができる場所ならばどこでもよい。

従来の専門家の話を聴く場といえば、ホールのような会場で、授業を受けるときのように全員が前を向いて座り、壇上の専門家のお話を静かに拝聴して最後に質疑応答をする、というかたちが多かった。ところが、近年は、専門家の話を聴いて質問するにとどまらず、その専門家を交えて参加者どうしが対話するように意図された場が増えている。こうした場にはいろいろな呼びかたや形態があるが、サイエンスカフェはその元祖ともいえる催しである。

現代に生きる私たちの暮らしは、科学技術のめざましい革新による影響を受けながら変化し続けている。科学技術の普及は暮らしに便利さをもたらしてくれる面も確かにある。だが同時に、生命の安全や健康な生活や健全な自然生態系に望ましくない影響をもたらす可能性、すなわち「リスク」をはらんでいる。新しい科学技術を社会に導入するということは、それがもたらす便益を享受するだけでなく、同時にそのリスクを引き受けるということでもある。

リスクには、望ましくない影響がどれくらいの確率で起きるのか、そして、もし起きたときには被害はどれほどの大きさになるのか、といった、二つの不確かさがある。もたらされたひとつの被害が、予想もしなかったつぎの被害をもたらすこともある。リスクはかくも確率的なものなので、専門家も確実なところを語ることはできない。そして、たとえ専門家が自分なりの予測を語っても、今どきのほとんどの人はそれを鵜呑みに信じないだろう。

加えて、いうまでもなく、社会は一枚岩でできているわけではない。福島県の原子力発電所で生産された電気を首都圏の住民が利用していたように、科学技術の導入や普及によって便益を受ける地域と、そのリスクを負う地域とは、かならずしも同じではない。その不均一さは、同じ地域で暮らす人びとのなかにも起こりうる。原子力発電所の立地によってリスクを負う地域には、経済的な便益を受ける人びとも、そうでない人びともいる。そして、ひとたび事故が起きれば、受けた便益の多寡にかかわりなく被害を受ける。こうした現実に対して、同じ地域のなかでも、さまざまな受け止めかたや考えかたや利害関係がある。

科学技術のリスクがもつ複雑な不確かさ、便益配分とリスク負担の不均一性、そして、人びとの価値観の多様性を思えば、科学技術がもたらす便益とリスクとは、専門家がコンピューター上で計算して公表するだけのものではもはやない。その科学技術の便益を受けリスク負担する人びとが、共同で事実を確認し、シナリオを描き、その受容をはかるべき問題なのである。

ところが、科学技術がかかわる政策と実施——このなかには、環境や自然生態系に影響をおよぼすような公共事業が含まれているのだが——については、管轄する行政機関の技術官僚や研究者といった専門家が、科学的調査や研究結果、いわゆる「科学の知」にもとづいておこなうのがつねである。大多数の市民は、たとえ暮らしになんらかの影響を受ける人びとでさえも、専門家たちが決定した

「素案」が公表された段階で初めてなにがおこなわれるのかを知る。現在では、意見公募手続き、いわゆるパブコメ（パブリックコメント）制度に則って、素案に対する意見を担当部局に書き送ることはできるのだが、このパブコメにどれほどの効力があるのだろうか。素案が出された時点で政策や施策の方向性はすでに決定されていると考えてまちがいないだろう。

専門家だけで政策を決定するやりかたは、「テクノクラティック（技術官僚）モデル」と呼ばれる。科学技術社会論の研究者、藤垣裕子氏は、著書『専門知と公共性』[1]のなかで、現代日本の科学技術をめぐる意思決定ではテクノクラティックモデルが適用されており、これは、二つのことを前提としているという。ひとつめは、科学者はいつでも確実で厳密な答えを出すこと、二つめは、科学者が出す厳密な答えはどんな場面でも成立しうることである。しかし、現実の科学は現在進行中の知識であり、ある理想的な状況のもとで真実である科学的知識が、実際の社会的場面にそのまま適用できないことも多い、と指摘している。

くりかえしになるが、現代の科学技術が社会や人びとにおよぼす影響は、専門家だからといってその全容が見通せるほど単純でわかりやすいものではない。東日本大震災で起きた福島第一原発事故はこのことを決定的に印象づけた。こうした認識が広まった今、従来の、「一般市民には政策の意思決定に関与する知識や能力はないのだから専門家が決めましょう」という、「啓蒙モデル」と呼ばれる考えかたやテクノクラティックモデルは、もはや通用しない。そこで、科学や高度な技術を専門家が市民に一方的に伝えるのではなく、サイエンスカフェのような、みんなで学んで話し合っていっしょに考えよう、という「場」が増えた。一九九八年に英国の都市リーズでサイエンスカフェを始めた主催者たちは、サイエンスカフェの目的を「科学を社会に取り戻す」ことと述べている。[2]

科学者は街へ出るようにもとめられている

サイエンスカフェがよく開かれるようになった背景には、科学者側が置かれた状況の変化もある。大学・研究所や学会など科学者の機関や団体が、自分たちのおこなっている研究の内容を専門家でない人びとに伝える活動に力をいれているのだ。これは日本に限らない、一九八〇年代以来の環境に対する危機感を背景とした世界的な風潮であるようだ。

一九九九年六月〜七月、ハンガリーのブタペストで「世界科学会議」[3]が開かれた。この会議は、「科学が直面しているさまざまな問題について、政府、科学者、産業界および一般市民が集まり、その理解を深めるとともに、戦略的な行動について、世界のトップレベルの科学者の間で討議する」ことを目的としたもので、二一世紀の科学の責務として、従来の「知識のための科学」に、「平和のための科学」、「開発のための科学」、そして「社会における科学と社会のための科学」を加えた四つの概念からなる、「科学と科学的知識の利用に関する世界宣言」を打ち出した。

この流れをくんでと考えられるが、二〇〇四年四月、日本の科学者の共同体を代表する機関である日本学術会議は、「社会との対話に向けて」という声明を出した。[4]ここで、科学者と市民との対話に積極的に取り組むように、とすべての科学者に呼びかけている。また同年、日本政府も『平成一六年

版科学技術白書　これからの科学技術と社会』[5]のなかで、「科学技術が社会全体にとって望ましい方向で発展していくためには、科学技術それ自体や科学者等の活動が国民に正しく理解されること、信頼されること、支持されることが必要不可欠」であることから、「科学者等は自らが社会の一員であるという認識を持って、自ら得た知識や知見を国民に語りかけ、また、科学者等が国民の意見をくみ取っていくことは、科学者等に求められている社会的役割である」と述べている。ちなみに、サイエンスカフェが日本国内で知られるようになったのは、この白書のなかで紹介されたことがきっかけであったという。[6]

さらに、二〇〇六年に閣議決定された第三期科学技術基本計画[7]では、「研究者等と国民が互いに対話しながら、国民のニーズを研究者等が共有するための双方向コミュニケーション活動であるアウトリーチ活動を推進する」とうたっている。「アウトリーチ」とは、手を伸ばして自分から接触するの意、これもまた研究者が町に出て市民と対話することを促している。

このような内外からの期待と圧力のもと、社会的責任を果たさんとする研究機関や、社会に向けて積極的に自身が専門とする領域の情報を発信したいと考える研究者たちによって、科学を人びとに伝える活動は各地でさかんにおこなわれている。たとえば、日本の科学技術革新を使命とする独立行政法人科学技術振興機構のホームページの「サイエンスポータル」では、全国で開催されるサイエンスカフェのような催しを月ごとに一覧できる。その数、ひと月に一〇〇を超え、あつかう話題も、素粒子、宇宙、地震、物質構造、動物の生態、生命、医学などの自然科学系から、歴史、思想、哲学といった人文社会科学系まで幅広い。名称はさまざまだが、サイエンスカフェと銘打ったものも多い。

2　海と魚と漁業を語る「おさかなカフェ」

海と魚と漁業のサイエンスカフェ

本題の、「おさかなカフェ」に入ろう。

「おさかなカフェ」とは、東京海洋大学江戸前ＥＳＤ協議会が、東京海洋大学（海洋大）でときどき開催している、海と魚をテーマにしたサイエンスカフェである。テーマも魚と特殊だが、もうひとつ、ふつうのサイエンスカフェとは異なる特徴がある。それは、専門家として、研究者だけでなく、漁業者の方にもお話しいただく点である。なぜ、研究者と漁業者という、立場が異なる二つの専門家をお招きするかというと、つぎのような理由がある。

まずひとつめに、サイエンスカフェの王道として、海の生物資源や環境について、最前線にいる研究者の「科学の知」を気楽に聴きたい。気楽に聴く、とは、疑問があればすぐに尋ねたり答えたりする、すなわち、対話をする、ということだ。海や魚にかかわる研究者の話を聴く機会は確かに増えているが、今も講演会のようなかしこまった場が多い。研究者が聴衆の質問に答える時間はもちろん用意されているのだが、もっと気楽なやりとりができれば、より楽しめるのではないだろうか。

二つめの「おさかなカフェ」で漁業者にもお話しいただく理由はもちろん、漁業の現場の話も聴きたいからである。

古来、日本の沿岸域に暮らすほとんどの人びとは、さまざまな藻類、貝類、魚類を対象にその海辺の条件に適した漁具を用いて漁業を営んできた。海という自然のなかで生きものを追う漁業とはどういう生業《なりわい》なのか、そこにはどんな知恵や知識があるのか、漁獲したものはどう売られるのか、その漁村にはどんな歴史があって、どんな文化が継承されているのか。こうした、漁業にまつわる、漁業者個人や漁村共同体の知識を第3章で「漁業の知」と呼んだ。これを聴いてみたい。

都会に暮らす人びとが農業や林業や水産業が営まれている様子を見る機会はほんとうに少ない。それでも、農業については、水稲が育つ田んぼや野菜が栽培されている畑をすこし郊外に行けば眺めることができる。だが、夜明け前に海に船を出して営まれる漁業についてその様子をうかがい知る機会は、漁家でもない限り、ほとんどない。ましてや、東京湾や大阪湾のように、港湾や工業用地整備のために沿岸がさかんに埋め立てられた都市内湾にいたっては、陸がどんどん沖へと張り出し、もとの漁村からさえも海が遠くなっている。こうした沿岸地域に暮らす住民のなかには、すぐそばの海で漁業が営まれていることすら知らない人もいる。

沿岸漁業が産業として存続している地域では、水産物の生産、販売、加工、流通によって生計を立てている共同体があり、水産物をひとつの基盤として地域社会が維持されている。健全な沿岸資源環境にもっとも依拠する産業である沿岸漁業が、今どのように営まれ、どんな課題をかかえ、将来をどう展望しているのか、「おさかなカフェ」では、漁業者からそんな話も聴かせていただきたい。

「科学の知」と「漁業の知」をつきあわせてみたい

「おさかなカフェ」を開く二つめの理由として、研究者と漁業者双方の話を聴いた後で、その二つの内容、つまり「科学の知」と「漁業の知」とをつきあわせてみたいという、好奇心がある。

たとえ同じ海で同じ生きものを追いかけていても、研究者と漁業者が見ているものはかならずしも同じではない。研究者は、沿岸の資源環境の状況を把握するために、科学技術を駆使した測器を用いて観測し、そこで得たデータを統計的に分析して「科学の知」を積み重ねていく。一方、漁業者には、長年の漁業の営みのなかで体験的に積み重ねた「漁業の知」がある。近年の沿岸資源管理には、「科学の知」と「漁業の知」を統合して活用しよう、という雰囲気はある。だが、研究者と漁業者の話を同時に聴く機会はめったにない。二つの異なる「知」をつきあわせる機会は、なかなかないのだ。研究者と漁業者それぞれに聴くと、同じことをいっているときもあるのだが、まったくかみ合わないときもある。これがなぜなのか、二つの話をいっしょに聴き、状況を比べてみなければ、わからない。研究者と漁業者のセッションなら、この謎を解くきっかけをつかむ機会になるのではないだろうか。

3　おさかなカフェ「江戸前のシャコを知ろう」

話し合うための三つの工夫

前節で「おさかなカフェ」を開催する側の三つの動機を述べた。では、実際の「おさかなカフェ」にはどういう意義があるのだろうか。このことを、二〇一〇年一一月に東京海洋大学江戸前ESD協議会が開催した「江戸前のシャコを知ろう」、略してシャコカフェを例に考えてみたい。シャコカフェの趣旨は、題目のとおり、東京湾で、とくに横浜市柴地区で営まれるシャコ漁について知ろうというものである。不漁のために禁漁していたシャコ漁が三年ぶりに再開された年であった。当日のスタッフは、進行役一名、講師二名を含む教員四名、大学院生五名、附属図書館職員二名である。

シャコカフェは、三人の専門家による「お話」と、続く「談話会」からなる。「お話」では、はじめに、化学海洋学の研究者J氏が「富栄養化と貧酸素水塊の発生」について、つぎに資源管理学の研究者S氏が「資源管理の目的や手法とシャコの資源量推定の結果」について、そして最後に、長年、横浜市柴地区で小型底びき網漁業を営み、柴地区の漁業資源管理を主導してきた漁業者N氏が「柴地区のシャコ漁の経緯と現状」について、写真や図表をプロジェクターに映しながら、それぞれ三〇分ずつお話しした。休憩をはさんで後半の「談話会」は約一時間である。公募に応じて参加した方々は三〇名、男女比ほぼ四対一と男性が多い。年齢は、六〇代が六名ともっとも多く、あとは一〇代の一名を除くと、二〇代~七〇代がそれぞれ三~四名であった。会場が図書館に足を踏み入れてすぐのところにあるラウンジだったので、右の人数には入っていないが、通りすがりに立ったまま聴いていた人たちも少なからずいて、会場は満員であった。

このシャコカフェを楽しく活発に発言する場にしたくて、いくつか工夫をしてみた。

まず、三人の講師の話がひとつのストーリーとしてつながるようにすること。研究者J氏に始まり、研究者S氏から漁業者N氏へと続く話の流れをつくるために、研究者J氏には、東京湾の富栄養化と貧酸素水塊の発生の因果関係を、また、研究者S氏には、水産資源管理手法ならびに資源量変動の要因として生息環境の変化があること、とくに東京湾では貧酸素水が生息環境を悪化させていると疑われていることを、最後の漁業者N氏のシャコ漁の「背景」としてお話しいただいた。

「おさかなカフェ」を開くときに、いつももっとも気になるのは、参加者もたくさんお話ししてくださるか、である。くりかえしになるが、サイエンスカフェでは、参加した人たちが気楽に対話できることが肝要である。知らない人どうしでも安心して話しやすい雰囲気、いわゆる「ラポール」のある場にしたい。シャコカフェでは、お茶とお菓子をお出しし、休憩時間には東京海洋大学附属図書館が収集した東京湾に関する書籍や資料「東京湾アーカイブズ」の展示ガイドを司書がおこない、さらに講師による「お話」を終えて質疑応答にあたる「談話会」に入る前には、全員参加の「江戸前の海学びの環づくりクイズ」をおこない、すこし身体を動かしていただいた。

場の雰囲気づくりは、進行役に負うところが大きい。サイエンスカフェの進行役は、もちろん話術に長けるに越したことはないのだろうが、それだけでは務まらない。その場の話題についてある程度理解していて、そのうえで、参加している人たちから質問を引き出し、また楽しく話しやすいように場をとりまとめる力が求められる。シャコカフェでは、笑いをとりつつ、場をゆるゆるまとめる達人の研究者H氏がかくもハードルが高い役目を飄々とこなしていた。

「おさかなカフェ」一番の工夫は、会場から出た質問の「見える化」である。参加者にはカフェ開始前にポストイット紙とマジックをお渡ししておく。そして、カフェ開始時に、途中で質問があったら気楽にいっていただいてもよいが、気がついたことや疑問点は、ポストイット紙に書いてくださいと伝える。かならず一枚のポストイット紙にはひとつの事柄だけを、できれば文章で書いていただく。

このシャコカフェでは、話を聴いている途中に質問が出ることはなかったが、参加者にはそれぞれの話や休憩の間にポストイット紙に記入いただいた。スタッフは、ポストイット紙を休憩時間に集め、ここに書かれた質問やコメントをホワイトボード上に貼りながら分類し、「漁業」、「資源と環境」、「禁漁」、「貧酸素」、「栄養塩」、「潮・定点」、「取り組み」、「NPI（北太平洋指数）」、「飼育・養殖」と、ラベルをつけた（図6-1）。人類学者の川喜多二郎氏が考案したKJ法と似た方法である。

このようにポストイット紙で質問やコメントを整理する効用はなんだろうか。今までの実感として、会場で挙手して質問するよりもポストイット紙に記入して貼りつけることは気軽にできるので、いろいろな人たちの質問や意見がカバーできる点が大きな効用だと思う。さらに、それだけでなく、いく

図 6–1 「シャコカフェ」の様子.
背後の模造紙には，参加者が質問を記入したポストイット紙が分類されて貼りつけてある（2010 年 11 月 20 日東京海洋大学附属図書館ラウンジにて）.

つもの質問やコメントをホワイトボードの上でグループに分けてラベルを貼って見せることで、これまでに聴いた話の全体像やつながりが目に見えるようになる。

シャコカフェの例でいえば、三名の講師のお話のつながりと全体像を参加者の質問によって再構築したわけで、それは内容の理解の一助になるだけでなく、その後の質疑にも大いに助けになる。ポストイット紙とホワイトボードはまことに視覚化のスグレモノなのだ。

ホワイトボードを眺めながら話し合う

シャコカフェのクライマックスである談話会の時間は約一時間。ポストイット紙を貼りつけたホワイトボードを眺めながら進行役が質問を講師に尋ね、講師が回答したら、今度は進行役が会場に確認するかたちで進めた。

はじめに、進行役はポストイット紙にあった基本的な質問をいくつか講師に投げかけた。たとえば、富栄養化について「ヘドロが減らないと貧酸素水塊はなくならないのではないか」、「底の泥からの栄養塩は再溶出をどのくらいするんですか」、あるいは資源管理について「日本が入力管理で外国が出力管理なのはどうしてですか」、「なぜ温かくて塩分の低い水がふたをして酸素が入るのを防いでいるのか」、などである。その後、進行役が会場の参加者にさらなる質問を促した。

シャコカフェ終了後、参加した方々に「今までの誤解」、「初めて知ったこと」、「残ったままの疑問」、「新たな疑問」に加えて、さらに、「本日、参加されて、どのような発見がありましたか」と尋ねたアンケートに自由に記入していただいた。回収した二五枚のうち一六枚のふりかえりシートの感想欄に、興味深かった、おもしろかった、とあった。それぞれについて見ると、まず、漁業者N氏の話についての感想が多く、たとえば、「Nさんの話がとくにおもしろかった」、「禁漁の努力はすごいことだと思います」とある。つぎに、「どの講師の先生もとてもわかりやすく興味をもちました」、「S先生のお話はわかりやすくて感動しました」というわかりやすさについての感想があり、そして、最後に、漁業者と研究者双方の立場から話を聴いたことに対して、たとえば、「先生方のお話のみならず、現地で勤める漁業関係の方が実際に説明していたので、説明がとてもわかりやすく、説得力があったのがよかった」、(質疑応答について)「最後に講師がそれぞれ回答したのがよかった」というような好評価があった。こうした感想には、私たち主催者が「おさかなカフェ」を開く動機と重なるところが多く、読みながら「そう、そう」と共感いただいたことに喜んだりした。

4　サイエンスカフェで共有した知

では、シャコカフェに参加した人たちが見聞きした「知」とはどのようなものだったのだろうか。参加者の感想が示した、「漁業者の話の興味深さ」、「研究者の話のわかりやすさ」、漁業者と研究者の「二つの視点からの話」の三点に着目してみよう。

人びとは漁業者にしか語れない物語に惹きつけられる

まずひとつめに、人びとは、漁業者の話の興味深さ、つまり、漁業者にしか語れない物語に惹きつけられるといえる。

参加者の多くが感想でふれた漁業者N氏の話は、横浜市柴地区で長年漁業を営む経験にもとづいている。柴地区が半農半漁の村であった時代に始まり、海苔養殖で栄え、金沢地先の埋立事業以後は漁船漁業を専らとし、全国に知られるような資源管理型漁業を実践するにいたった経緯、その後の環境の変化に対する漁業者自身の観察結果、地域の漁業者間で伝承される漁と気象とのかかわりなどについてであった。

認知科学の研究によれば、人間の思考には自然に「理論枠組み（論理‐科学）」モードと「物語」モードという二つの様式が備わっているという。理論枠組みモードは一般の原因や体系をあつかい、原理原則に則してものごとを検証する。一方、物語モードでは、人間の意図や行動や変遷の意味のつながりを感じとる。二つのモードはたがいに補完し合うものだが、人は物語を通してものごとに対する理解を深める。[8]

このことをシャコカフェの研究者の話と漁業者の話とを引き比べながら見てみよう。柴地区の漁業者たちは、長年シャコの出荷枚数を制限し、また、二日操業して一日休業する「二操一休制」を取り入れることで、自主的に資源管理をおこなってきた。N氏は、一九七〇年代から続くこの資源管理を主導してきた人物である。この実践について、研究者S氏は、資源管理には「出口規制」と「入口規制」の二つの手法があることを説明したうえで、柴地区でおこなわれている資源管理を先進的な事例としてこの枠組みのなかに位置づけている。

> 東京湾のシャコは、後でNさんのほうからお話があると思いますが、漁業管理という面ではかなり先進的な管理をされておりまして、二刀流とでもいっていいんでしょうかね、出口規制と入口規制の両方がうまくマッチして使われているということです……
>
> それから、入口規制としては、二操一休制、いろいろな規制がありますが、代表的なものでは二操一休制というのがあって、これは二日操業をしたら一日休みということで、過度の漁獲努力量が加わらないように考慮されている。これも非常に早くから始められているということで、資源管理という面では早くから先進的な方法をとられていたということがいえると思います。
>
> （研究者S氏の話から）

一方、漁業者N氏は、この二操一休の取り組みを導入し、これまで継続してきた過程についての、当事者だけが知る事情を、臨場感あふれる語り口で語っている。

そんなつぎの年にオイルショックがきて、組合で油を全船に毎日操業した場合には供給できない、と。油をどこかでストップしなきゃいけないという事態に陥ったんですね。それは困った、どうしようかという話をしたんですけど、休業しようという話もあったんです。……当時からシャコの値段が落ち込んでいて安いんで、これを機会に休漁制限したらどうかということで、二日出て一日休むっていう制度をうちのほうで独自に設けました。……組合にね、シャコをとらないで魚だけで出させたらどうか、出させろ、という話がけっこうあったんですけど、とにかく二日出て一日休むということを徹底してほしいということで、相当苦労したんですけど、なんとかみんなを説得して、二日出て一日休むっていう制限を昭和五三年に実施しました。

しばらくたってからオイルショックが少しゆるやかになって、油も流通が順調にくるようになって、油もなんとかなるから制限やめてやらせたらどうかという話があったんですけど、一年ぐらい過ぎてみると、シャコが少しずつ値上がりしたんですね。……漁場も、……二日出て一日休むとそのつぎの日に出ると漁が復活するということで、水揚げが安定している。……一年トータルで見ると、出（漁）日数も減っていないし、漁も安定してずっと続いてある、値段も少し上がるっていうことで、水揚げはかえってやる前よりも多くなりました。そういうことをしっかりデータとって、こうなんだから、二操一休をこのまま続けていこうよ、っていうことで、組合員を説得して、……それからもずっと二操一休を守っています。

（漁業者N氏の話から）

漁業者N氏の話は、変化する社会情勢のなかで漁業協同組合と漁業者が、どう市場と折り合いをつけながら漁業を営んできたのかという過程を伝える物語である。参加者の多くがふりかえりシートでN氏の話にふれている理由は、この物語性に惹きつけられたからではなかろうか。

じつは、漁業者N氏の話のなかには、漁業の営みが取り込んだ「科学の知」も含まれている。たとえば、漁協が「二操一休」を始めたのは第二次石油危機による燃油不足がきっかけであったのだが、二操一休を燃油不足が解消された後も継続するために、漁獲量や価格のデータを比較して「水揚げはかえって前よりも多い」と二操一休の効用を漁業者の間で共有し、継続のためのモチベーションとした。ただし、N氏は、このデータで示した「科学の知」を探究の対象ではなく、現場における判断の根拠として説明している。この態度が漁業者と研究者とが異なる点である。N氏はこの差異を明確に認識していて、たとえば、海水の塩分や貧酸素水塊とシャコの生態の関係についての推測を語るときには、「これは現場の感覚だけど」と前置きしながら話している。

ほかの機会におさかなカフェを運営しているときに気がついたのだが、ときに参加者は、科学者と漁業者とを区別せずに、「漁業の知」について話をしている漁業者に対し、「科学の知」に関する質問を投げかけることがある。「科学の知」と「漁業の知」の混同を避けるためには、漁業者が自身の現場の経験にもとづく「漁業の知」について話しているときには、N氏のように、そのことが聴き手に伝わるように話すこと、参加者もまたこの点に気を配ることが、大切かもしれない。

研究者の話にも「科学の知」にとどまらない「物語」がある

二つめに、研究者の話のわかりやすさがある。これは、研究者の話のなかにも、「科学の知」にとどまらない「物語」が含まれていたことと関係があるのではないだろうか。研究者がふだんおこなう学術報告は新たな知見の伝達を目的とする。そのような場では、研究のアイディアをどのように得て、また、どのように試行錯誤しながら進めたのか、といった過程を語ることはめったにない。カフェでの研究者の話も、既往研究や定説を土台にして、自身の観測や実験で得た結果を論理的に示すことを基調としている。だが、それだけでなく、研究者は、自身が研究をおこなった過程をも述べ伝えている。

たとえば、シャコカフェでは、研究者J氏は、「貧酸素水塊が表面に現れると青潮となる」ことについて、まずそのしくみを既往研究の定説を引いて説明してから観測結果を示している。だが、それだけでなく、海上での観測中に撮影した写真を見せながら、「船の上で作業をしていると……温泉の硫黄のような香りがします」と、感覚的な体験をも述べ伝えている。研究者がこのように、論理・実証モードにある「科学の知」だけではなく、自身の研究の過程で得た体験、つまり、物語をも同時に伝えたことが、参加者の「どの先生の話もわかりやすかった」という評価につながったのではないだろうか。

さらに、研究の過程を伝えるということは、研究という行為がどのようなものであるか——問いと仮説を立てて観測や実験をおこない、その結果を分析して仮説を検証し、さらに新たな問いと仮説を立てる作業を営々と続けること——をも参加者に伝えていることになる。

もうひとつの例を、シャコカフェでの漁業資源管理の話からあげてみよう。研究者S氏は、「資源変動の要因には海洋環境変動と漁獲の二つがある」と述べて、海洋環境変動がおもな要因と考えられる例として北太平洋のマイワシを、漁獲がおもな要因と考えられる例として北海道の春ニシンを、そして両方が要因と考えられる例として秋田県のハタハタを示している。このときの説明のなかで、「なぜ両者の漁獲変動が一九八〇年以降異なってしまったのか、ということに疑問を感じて少し分析しようと思った……」、「なぜ漁獲量が激減したのか、環境変動か乱獲か、どちらが原因かということを明らかにしたくて、分析してみました」、というように、自身が研究を進めた思考の過程を聴いている人たちが追体験するように、まるで冒険譚のように、話を進めている。

研究者が研究の過程を話すということは、研究という物語を人びとに伝えることである。この過程を聴けば、科学が沿岸環境や資源に関するすべてを解き明かしているわけではなく、それぞれの知識の足場固めが進められている途上にあることがよく伝わるのではないだろうか。そして、それゆえ、海洋環境や生物資源の利用管理は、現状をつねにモニタリングして確認しながら、ときに方針をかえつつ進めなければならないことも納得してくれるのではないだろうか。

「漁業の知」と「科学の知」から沿岸の事象を描く

三つめに、漁業者と研究者の話を聴きながら、沿岸資源環境の事象を異なる二つの視点からともに描き出す作業の可能性をあげたい。

シャコカフェの談話会では、いろいろなトピックについて質問が出た。このなかで東京湾の「塩分」についての参加者、研究者、漁業者の三者のやりとりを例に見てみよう。

研究者J氏　……東京湾の塩分ですけど、表層は二〇いくつとか、二〇台のことが多いと思います。底のほうは三〇台です。ふつう、外海で三五とか三四とかですから……

参加者　単位をいわないとわからない。

研究者J氏　塩分って単位がないんです。

参加者　うん、だけど、一般的な、われわれを相手にするときは……

研究者J氏　外海でだいたい三五というのは、塩類のパーセントでいうと三・五パーセントぐらいに近いと思いますけど、それを塩分三五といっています。

進行役・研究者H氏　一リットルの水のなかに塩分と称するものが三五グラム入っているくらい、が海水です、一般的には。

研究者J氏　それを単位なしの三五と呼んでいます。単位なしの三五で、表層が二〇いくつとか、底層のほうが三〇いくつくらいです。

漁業者N氏　今、表層が二〇いくつといわれましたけど、うちのほうでも見ているんだけど、だいたい一・〇二ピコ、そのぐらいがふつうですよ。

進行役H氏・研究者J氏　（うしろでヒソヒソと）「比重?」、「比重」。

漁業者N氏　それが悪くなると一・〇一〇よりも下がるんです。

研究者J氏　比重ですね。

漁業者N氏　それを見ていると、一・〇二〇、それぐらい以下だとあまりよくない。その前の日に一・〇二四ぐらいのが、〇九とか一〇以下に落ちると、そうするとシャコはもう全部死んでしまいます。……網でひいて……上に揚げてくると死んじゃって真っ白になっちゃうから製品にならない。……J先生の単位だと私はわかんないんだけど、これですくったやつだと、一・〇二四前後が東京湾のなか。悪くなると一・〇一〇より、もっと下がる。それがだいたい一週間ぐらい続いて……もとに戻る。とくにシャコが上に浮遊する時期に雨にやられちゃうとけっこう影響大きいんじゃないかと思うんだけど。とにかくシャコは真水が大嫌い。弱いから東京湾のなかだときびしいのかな、という気がしています。

ここでは、専門家でない参加者からの、東京湾の塩分はどれくらいで、それが漁業にどう影響するのか、という質問に対して、研究者が二人がかりで「単位」がない「塩分」の概念について説明し、さらに、それをひきとるかたちで、漁業者N氏が自身の漁業において用いている単位を使って把握している塩分の値とシャコの生息の関係を伝えている。

この場のやりとりを眺めると、ここに「おさかなカフェ」に潜む可能性が示されているように思う。ひとつは、おさかなカフェの参加者が、漁業の実践と科学研究の二つの側面の話を聴くことで、事象のイメージを描きやすくなる可能性である。私たちが学校で学ぶ「科学の知」に、漁業者N氏が語るような「漁業の知」が重なれば、その事象についてより現実的で厚みのあるイメージをもつことができる。逆に、科学ではまだそのメカニズムが不確かな現象について漁業の経験から語られるとき、現在進行中の「科学の知」がこれから明らかにすべきことが見えてくる。そういう可能性である。

二つめは、漁業者と研究者とが、おたがいの知をつきあわせながら対話する機会の可能性である。対話とは、おたがいの話に耳を傾け、意見を目の前に掲げてそれを見て、どんな意味があるのかを共有すること[9]である。漁業者の知識と研究者が語る知識は、かならずしも同調していないのだが、こうした差異を肯定的に受けとめて対話を進めることで、この二つの知が結びついていくのではなかろうか。

そして、三つめに、複数の研究者が参加している場合には、さまざまな側面をもつ沿岸資源環境についてのたがいの学問領域について学び合う場になりうる可能性である。認知科学者の佐伯胖氏[10]は、それぞれの学問領域というのは、「人間とその世界」を照らす懐中電灯のようなものであり、「境界領域」とか「学際的研究領域」というのは「新しい懐中電灯」をどこに置くべきかを、みんながそれぞれ、もう一度で照らしなおして「位置づける」しごとであるはずである、ということを述べている。

「おさかなカフェ」がめざすのは、まさにこういう場である。複数の懐中電灯、すなわち学問領域（シャコカフェでは、化学海洋学と資源管理学）の「科学の知」という共通した波長をもつ光線をもって、それぞれの専門とする部分を明るく照らし出す。さらに、「漁業の知」という懐中電灯が、複数の学問領域にまたがる漁業にかかわる範囲を「科学の知」とはちょっと異なる波長で照らし出す。

さらにそこへ参加者が質問を投げかけて、「レーザービーム」のように、ある問題をハイライトする。いいかえると、科学者と漁業者の双方から話を聴き、そこに参加者も加わって、対話を通して、会場にいる人びとがいっしょに沿岸資源環境の事象をともに描こうと試みる場である。

5　海と魚をみんなで語り合うために

沿岸資源環境の持続的利用を考えるしくみづくりには、対話による学び合いの場は欠かせない。英国でサイエンスカフェを始めた人びとは、科学コミュニケーションは過去一〇年間で大きく成長し、「科学の公共理解」から「科学への公共参加」へと変貌したと述べている。[2] サイエンスカフェが科学を市民の手に取り戻そうとしたように、おさかなカフェにも、沿岸域のこれからのありようを、行政や専門家まかせにしないで、漁業者と住民などの人びとが話し合ってともに描く、そのはじめの一歩となることを期待したい。だが、そのためには、「おさかなカフェ」の対話をその場限りで終わらせないで、続けていくこと、つぎへとつないでいくことを考えなくてはいけないだろう。

もちろん、おさかなカフェ自体が乗り越えなければならない課題もある。ひとつあげれば、参加者どうしの対話がまだまだ少ない点である。サイエンスカフェでは、研究者に対する期待と同じくらい、参加する人びとにも、話し合いを期待する。研究者は聴いた人に新しい知識を示してくれる。だが、その知識が自分のなかにストンと納まる、つまり「わかる」、「腑に落ちる」ためには、その知識をかみ砕き、もともと自分がもっていた知識とつじつまを合わせて再構成する必要がある。対話は、専門家から聴いた話をみんなで深め広げる時間である。聴きながら、話しながら、その場にいる一人ひとりは知識を自分のなかに納める作業をしている。限られた時間のなかでこれがどこまで実現できるのかはむずかしいところだが、講演会とサイエンスカフェの最大のちがいは、これをめざす点にあるだろう。そして、残念ながら、おさかなカフェは、この目標点に行き着いたとはいいがたい。おさかなカフェもまた、発展途上にあるのだ。

第7章——海辺を繙《ひもと》く——経験から学ぶこと

1　海辺のコンフリクト

沿岸域のゆたかな自然資源や環境は、本来だれのものでもない。それゆえに、利用や配分をめぐる諍《いさかい》、コンフリクトが起こりやすく、それが資源や環境の保護・保存をむずかしくしている。コンフリクトとは、「2人以上の個人的もしくは集団的行為者が、何らかの資源問題をめぐって、お互いの目標が両立しがたいと認知しつつ相互作用を行っている状態、もしくは状況」[1]である。たとえば、良好な漁場をめぐる漁業者どうしの諍は、海の資源や環境を同じように利用する人びとの間で起こる、配分をめぐるコンフリクトである。

一方、資源や環境について異なる利用のしかたを思い描く人びとや組織の間で起こるコンフリクトもある。たとえば、高度経済成長期から今にいたるまで、沿岸で漁業を営む漁業者や、干潟や浅海の生きものを守りたい人びと――住民や釣り人や自然保護団体など――と沿岸開発を推進する人びと――往々にして行政機関と企業――との間に起きる対立はこれにあたるだろう。

沿岸域で新たな利用のしかたが生まれ、その度合いが大きくなるたびに、その場の資源や環境を利用（あるいは保護）していた人びとと新たな利用や保護をもとめる人びとの間に、コンフリクトは生まれてきた。たとえば、アワビやウニのような磯根資源を採る漁業者とその海に潜るダイバーとの間に、漁期を決めて資源管理漁業を営む漁業者と年中釣りを楽しみたい遊漁者との間に、水鳥による食害を防ぎたい海苔養殖業者と水鳥の保護をもとめる自然保護団体との間に、あるいは、もっと広い範囲で、河口近くでカキ養殖を営む人びととその河川上流部にダムをつくろうとする行政との間に……というように、枚挙にいとまがない。

沿岸域のコンフリクトを未然に防いだり解決したりする究極の手段として期待されているのが、第2章で紹介した「総合的な沿岸域管理」である。これは、沿岸域の多様な利害関係者が協議して策定した沿岸域管理計画をプロジェクト・サイクル〈計画（Plan）→実施（Do）→評価（Check）→改善（Action）〉の要領で実施することでたがいの利用調整をはかるプロセスである。「総合的な沿岸域管理」は、一九九二年の国連環境開発会議で採択された行動計画「アジェンダ21」に明記されて以来、国際的要件となっている。二〇一五年九月の「国連持続可能な開発サミット」で設定された、海洋にかかわる「持続可能な開発目標14」の達成をはかる指標でもある。[2]

ところが近年、「総合的な沿岸域管理」がうまく機能していない、という文献を見かけるようになった。欧州、とくに英国の「総合的な沿岸域管理」を分析したある論文は、国の政策と地域における実施との間にはギャップがある、として、各機関が統合的なアプローチをおこなうことを阻む沿岸管理の「責任の複雑さ」、国から地方自治体に対し、複雑な問題を総合的に取り扱うための効果的な誘導策がない「政策の真空」、現場で必要な情報が入手しにくい「情報障害」が科学者‐政策立案者間やセクター間の調整を困難にしていること、沿岸の利害関係者が意思決定に参加する機会がほとんどない「民主性の欠如」、と四つの理由をあげている。[3] また、別の論文は、人びとは「総合的な沿岸域管理」について、円卓会議によってどんな問題も解決できる、沿岸管理者（機関）はひとり（ひとつ）だけ、地域共同体は「総合的な沿岸域管理」をおこなう能力を備えている、科学的知識は沿岸域管理の正しい解を示してくれる、などの幻想をいだき期待をもちすぎている、と述べている。[4]

「総合的な沿岸域管理」の必要性は多くの人が認めるところである。だが、先の論文がいうように、現実には、協議は必要だが万能ではなく、沿岸域管理にかかわる複数の機関はそれぞれの管轄のみを専らとし、すべての地域共同体がかならずしも管理能力を兼ね備えているわけでもなく、また、科学で解明できていることは限られていたり、管理現場にそのまま適用できなかったりする。こうした課題に応えるような、制度設計や体制づくり、そして、沿岸域のさまざまな立場の人びととの理解の醸成や管理スキルの向上などの、ひとことでいえば「基盤構築」はこれからの課題である。

ちなみに日本では、二〇〇七年施行の「海洋基本法」や翌二〇〇八年に策定された「海洋基本計画」に「総合的な沿岸域管理」がもりこまれているものの、まだ施行されていない。

2　コンフリクトに学ぶ沿岸域管理

コンフリクト・マネジメントの技能

もし沿岸域の資源や環境をめぐるコンフリクトが起きて、その渦に巻き込まれたら、人はどう行動するだろうか。当事者どうしで話し合って合意できれば、それに越したことはない。だが、いったん表沙汰になった諍ごとの調整は、たいていの場合、容易ではない。解決のための話し合いが長引き、関係者間の対立が深まり、裁判でさらに長い時間をかけて争うような場合もある。

もし、その人が、沿岸域の利用管理にかかわる人——ここでは海岸行政・水産行政の職員や漁業協同組合の職員を思い描いているのだが——であるならば、まず利害関係者とその関係を整理しようとするのではないだろうか。関係者一人ひとりから話を聴き、懸案になっている自然資源や環境について、だれがどんな経緯でどんな権利や目的をもち、コンフリクトがどんな状況のもとで起きたのか、事実を確認する。同時に、この状況に適用すべき法律と科学的知見を整理する。そして、意思決定にかかわるべき正当な利害関係者である人びとや組織に働きかけ、話し合いの場をもって、利用調整をはかり利用ルールをつくる。このような一連の作業を進めることができれば理想的である。

ただし、事実の確認も話し合いも、問題解決に向かうプロセスは、関係者の協力なしにはできない。すると、沿岸域の利用管理にかかわる人には、問題解決に向けた情報を入手して整理する力はもちろんのこと、人びとの協力を得ながら話し合いによって調整する力もまた求められる。いいかたを変えれば、異なる利害関係と価値観をもつ人びとや組織が協議する場を設定し運営する技能である。沿岸域管理の人的な基盤構築とは、沿岸の利用管理にかかわる人びとのこうした力を強化することである。

では、そのためには、なにをすればよいだろうか。本章では、沿岸域管理の人的基盤構築のひとつの方法として「ケース・メソッド」を紹介したい。ケース・メソッドとは、たとえば、教室や研修会の場で、過去に起きたコンフリクトの事例について書かれた物語を読み、問題を分析し、同じ轍を踏まないための教訓やコンフリクトを未然に防ぐ行動規範を引き出したりする、協働的な学習方法である。米国の経営学者ピーター・センゲは、著書『学習する組織』[5]のなかで、私たちにとって最善の学習は経験を通じた学習だが、もっとも重要な意思決定がもたらす結果を直接経験できない、と述べた。確かに、私たちは未来を経験することはできない。だが、過去の、だれかの体験を今に生きる人びとが共有し、そのコンフリクトの擬似体験をとおして学ぶことはできる。ケース・メソッドはそういう方法である。

「経験の知」から知るコンフリクト

そもそも、私たちが過去のコンフリクトから学ばんとする「知」とはどういうものだろうか。

コンフリクトには、ある事象に関する数値データから明らかにされる面もあれば、そうでない面もある。たとえば、東南アジアでマングローブ海岸が著しく消失した大きな理由として、輸出を目的とした養殖、とくにエビ養殖池の開発があげられている。このことは、東南アジア諸国の沿岸の土地利用別面積、養殖エビ生産量、養殖エビ輸出量などの過去二〇年間分くらいの数値データを入手できれば（これがむずかしいことも多いのだが）、その経年変化と相関関係から推定できる。こうした数値データやグラフが示すのは、客観的・普遍的・論理的な「科学の知」である。私たちが学校で学ぶのは、たいてい、この「科学の知」であるし、世の中では、「科学の知」をもって物事を説明することが「科学的である」と評価される。だが、「科学の知」だけから海岸のマングローブが伐採されてエビ養殖池がつくられる過程でなにがあったのか、地域の人びとや社会にどういう影響をおよぼしたのかを知ることはむずかしい。

では、つぎのタイ南部の漁村の取材記事[6]を読んだらどうだろうか。

彼の心配ごとはまだある。島の反対側にあるマングローブを切り払って造られたエビの養殖池が村の生活に新たな脅威を与えているのだ。

その養殖池では、稚エビ用の池にいる魚を殺すために有毒な化学薬品を使い、汚染された水をそのまま、島と本土を隔てている運河に流し込んでいる、と彼は言う。
この有毒な水は、どんどんやせ細っているマングローブ林沿いの運河にわずかに残っていた魚まで殺してしまった。
「やつらは、マングローブだけでなく、魚までも奪い去ってしまった。そして、こんどは運河に毒をまいてるんだ。もう我慢できないよ」と彼は不満を訴えた。

エーカチャイ著、アジアの女たちの会訳、松井やより監訳『語り始めたタイの人びと――微笑みのかげで』、明石書店

この記事に書かれているのは、沿岸で零細な漁を営む「彼」が、エビ養殖池がつくられる前後で経験したこと、すなわち彼の「経験の知」である。ここで「彼」が語る言葉は、村の住民のひとりとして、そこにできたエビ養殖池をどのように受け止めているかを直截に伝えている。

言葉で伝えられる「経験の知」は、「科学の知」と対照的に、特定の時間の特定の場所で特定の状況に置かれた人が体験を通して得た、主観的な知識である。それゆえ、客観を旨とする科学的研究では排除されがちな知識でもある。だが、コンフリクトは、本章冒頭で示した定義にあるように、それぞれの人の認知から生まれる。それゆえ、コンフリクトの本質を理解するうえで「経験の知」は欠かせない。

言葉による「経験の知」がもつ力の例をもうひとつあげたい。

私は勤務先の大学で、水俣病を題材とした授業をおこなうことがある。始める前に受講学生に聞くと、ほとんどが高校までの間に公害について学習していて、水俣病がチッソ工場の排水によって汚染された魚介類によってもたらされたことを「知っている」、という。だが、それは、過去にあった公害のひとつとしての断片的な知識をもっているということで、なんら実感をともなっているようには感じられない。一九五六年水俣病が公式に確認された当時、日本政府をはじめとする多くの行政者は経済成長をなにより優先していた。そんな風潮のなかで、企業城下町の水俣市で発生した水俣病被害者――その多くは零細な漁民であった――に対する周囲の目は冷たく、身体的苦痛や経済的困窮だけでなく、偏見と差別にも大いに苦しめられた。だが、私自身が体験したわけでもないことを解説しても、学生には伝わらない。

ところが、はじめの授業で『証言　水俣病』[7]の一部を教材として読んでもらうと、学生の認識は変わる。この本は、一九九六年に東京で開催された「水俣・東京展」での水俣病被害者による講演を記録した証言集である。一九五六年五月水俣病が初めて公式に記録された（水俣保健所に届出があった）日の「幼い妹が『奇病』に」に始まり、その後の被害のひろがり、被害者の暮らしと闘争などを一〇人の患者さんやご家族の証言でたどる構成になっている。

この授業では、終了前に、気がついたことや感想を「ふりかえりシート」に自由に記述するのだが、『証言』を読んだ授業の後のシートには、被害者が学校や地域で受ける差別に、あるいは水俣病認定をめぐってたちはだかる行政の論理について、驚きや憤りを感想として書く学生が多い。たとえば、ある女子学生はつぎのように書いている。

ただでさえ今より家族の多かったこの時代に、一家の中で1人に限らず何人もが重い病におかされ、それによって精神的ダメージもうけるということがどれほどひどいことか再確認しました。幼い子供が身体的にも精神的にも被害を受けたこの事実を、私たちはもっと重く受け止めるべきだと思います。

こういう感想を科学的事実の列挙から引き出すのはむずかしい。『証言　水俣病』が明かす「経験の知」は、特定の状況に置かれた被害者の主観ではあるのだが、時代や背景のちがいを超えた根源的なところで人の心に響き、共感させる力があるのを感じる。

哲学者の中村雄二郎氏は著書『臨床の知とは何か』[8]のなかで、人が経験によって学ぶのは、ただなにかを体験するからではなく、そこにおいて否応なしに被る「受動」や「受苦」によってであると述べ、「受苦せしものは学びたり」というギリシャ語の格言を紹介している。ここでいう経験とは「活動する身体」を備えた主体がおこなう他者との間の相互行為である。人はなにかのできごとに出会ったときに、能動的に身体を備えた主体として、他者からの働きかけを受けとめながらふるまう。そうすることで、経験は、生の全体性と結びついた真の経験となるという。

コンフリクトについて学ぶということは、ほかのだれかが経験したなにかを、知識としてだけでなく、体感として、知ることである。ほかのだれかの経験を自己に重ねる共感的な理解、すなわち「間主観[9]」というものを得て、初めてコンフリクトの本質がわかるのではないだろうか。

3　ケース・メソッドで学ぶコンフリクト

ケース・メソッド

ケース・メソッドは、米国の経営学や公共政策学などの専門大学院教育において発展してきた教授法である。受講者たちは、過去に実際に起きた事例＝ケースについて書かれた物語のテキスト＝ケース教材を読み、講師の指示のもと、協働的に学習する。ケースの物語の状況に仮想的に身を置き、ときに登場人物になりきりながらロールプレイをして、物語のなかで起きているコンフリクトを疑似体験する。そして、話し合いながら、提起されている問題を分析し、問題の発生を未然に防いだり、問題を解決したりするための方策を考えたりする。一方、講師は、こうした学習の場を運営するために、授業計画を練り、分析に必要な資料やデータを用意する。ケース・メソッドの実践にあたっては、講師は「振付師」として受講者たちに活動の指示を出し、必要な情報を提供する。そして、受講者たちが話し合いという相互作用をとおして、それぞれが一人で考えるよりも、深くものごとを理解する、あるいは、問題解決のためのよいアイディアを得る、いわゆる「創発[10]」を期待するのだ。

ケース教材を用意する

まず、ケース教材を用意しよう。

ケース教材は、事実にもとづく短編小説のようなものである。私が（勝手に）ケース・メソッドの師匠と仰ぐ、毛利《もうり》勝彦《かつひこ》さん（国際基督教大学教授）が講義で参照していた教科書は、ケース教材についてつぎのように述べている。[11]

> ケース教材とは、本当にあったできごとや状況について述べた、あるいは、もとづく物語である。それは、明確な教育の目的をもって語られたものであり、また、丹念な検討や分析に報いるものである。
>
> Lynn, L. E. Jr. "Teaching and Learning with Cases: A Guidebook", Chatham House Pub.

ケース・メソッドを体験したことがない方にケース教材をにわかに理解していただくのはむずかしいかもしれない。「事例の調査報告書のようなものですか」と尋ねられることが多いからだ。否、ケース教材と報告書とは、似て非なるものである。

まず、目的がちがう。

報告書は、事例について一定のテーマをもって科学的手法で調査し、その事実を明らかにすることが目的であり、「調査の目的、背景、方法、結果、考察、結論」と論理的に構成されている。科学的であることが身上なので、文体は客観主義・普遍主義・論理主義の「科学の知」三点セットを旨とし、合理的に導出されたことを結論として明記する。当然、主観や感情や感覚は排除してある。だから、報告書の文中に執筆者が登場することはまずない。現地調査に行った先でインタビューを断られてがっかりしたとか、調査先で食べたごはんがおいしかったとか、帰り道は日が暮れて心細かったとかいった、書き手の心情が書いてある報告書はまずありえない。

一方、ケース教材は、実際にあったコンフリクトの過程にかかわる登場人物たちの体験の物語である。その文体は、主人公「私」の語りとして書かれていたり、あるいは、第三者の目から見たルポルタージュ風であったりする。いずれにしても、登場人物たちの主観と体験に満ち満ちている。文中に数値データ、すなわち「科学の知」を織り込むことはある。ケース・メソッド受講者がそのケースを取り巻く事実を深く知り、分析のデータとするためである。だが、ケース教材の基調をなすのは、登場人物たちの相互作用が引き起こす、葛藤、疑惑、不安、不満、驚き、嘆き、喜びといった、人間の感情をともなう体験の語り、すなわち「経験の知」である。

ケース教材は、往々にして、そこに描かれたできごとの顚末を明らかにしないで終わる。「いったいなにがいけなかったんだろう」とか「明日、あの人になんて話をしようか」とかいうように、ケースの主人公が問題を分析したり、あるいは、決断を迫られたりする場面で終わることが多い。受講者に、ケースに描かれたコンフリクトの過程を知ってもらうだけでなく、その結末、すなわち未来をみずからつくってもらうためだ。

ケース教材とはかようなものなので、執筆は、そのケースについてくわしく知り、人びとに（受講生にも）伝えるなんらかのメッセージ（教訓）を明確にもっている人が、執筆するのが望ましい。もし、ケース・メソッド講師自身が書くのなら、その目的は明確であろうし、内容を熟知しているので、ケース・メソッドもやりやすいだろう。しかし、文献調査と関係者へのインタビュー調査をおこなって、授業での分析に耐えるだけの知識をもりこむケース教材の執筆には、たいへんな時間と労力が要る。

専門大学院教育においてケース・メソッドが普及している米国には、第三者が査読した質の高いケース教材とティーチング・ノートと呼ばれる指導要領のデータベースがネット上にあり、手続きを踏めばダウンロードして用いることができる。ただし、米国の社会背景にもとづいて、英語で書かれたケース教材なので、日本語でおこなう場合には不適かもしれない。日本国内でも、国際開発などについてケース教材が出版されたりし始めているが、数はまだ少ない。

私自身は、自分で一からケース教材を執筆できない事例についてケース・メソッドをおこないたいときには、新聞や雑誌のルポルタージュ記事を活用させてもらう。ほかの情報源――記事や学術論文など――から資料を集め、収集した情報でその記事に肉付けして、ケース教材としたりする。

4 ケース・メソッドの実践

ケース「ダイナマイト漁」

試しに簡単なケース・メソッドをやってみよう。ケース教材として、フィリピンのダイナマイト漁の記事（東京新聞二〇〇六年九月六日）を用いる（図7-1）。

ダイナマイト漁とは、海のなかで爆薬を爆発させ、衝撃で浮いた魚を網で集める「破壊的漁法」である。サンゴ礁を破壊することから、サンゴ礁劣化の原因のひとつにあげられている。ダイナマイト漁は、漁業者自身も、爆薬を化学肥料から手づくりする工程や使用中の事故によって、手指を失うほどの大怪我をしたりする。むろん法律で禁止されているのだが、効率よく魚を集めることができるので、フィリピンやインドネシアで今も止むことがない、と聞く。

この記事は、事故が起きた漁村で、関係者に取材して書かれたものである。ダイナマイト漁がおこなわれる背景に魚が獲れなくなって漁業者の収入が減っていることがある。一方、水上警察の取り締まりや環境保護団体のパトロールは厳しくなっていて、ダイナマイト漁もやりにくくなっていることなどが書かれてある。

私はこの記事を、沿岸資源環境についてケース・メソッド授業をシリーズでおこなうときの導入に用いている。受講者に、ダイナマイト漁がおこなわれるフィリピンの漁村の状況について考え、同時に、ケース・メソッドがどういうものかを知ってもらいたいときである。

ここで紹介する五つのステップからなるケース・メソッドは、毛利勝彦さんから学んだ方法が基本となっている。毛利さんのケース・メソッドのやりかたについては、ご著書[12]をご覧いただきたい。

ステップ1　ケースをじっくり読む

ケース・メソッド教授法は、教室に集まる前から始まっている。事前に受講者たちにケース教材を配布しておき、じっくりと予習してきてもらうことがケース・メソッドの大前提だ。知っておいてもらいたい予備知識や、あらかじめ考えてきてもらいたい事柄を課題として提示して、受講者にレポートを課しておいたりする。

たとえば、ケース「ダイナマイト漁」の場合には、つぎの課題について、簡単なレポートを書いてくるように伝えている。

1. この記事の内容をひとつの文章で要約してください。
2. この記事では、だれが（あるいはなにが）どのような状況にありますか。
3. ダイナマイト漁のメリットはなんでしょうか。
4. ダイナマイト漁のデメリットはなんでしょうか。

して導火線を付ける．それを海に投げ 8 ～ 10 メートルの海中で爆発させる．魚群探知機を併用すると大漁にありつけるが仲間が暴発で手を失ったのを見て，怖くなりやめたという．

「取り締まりも厳しく捕まったら刑務所だ．収入は減るが家族に反対された」．家族 5 人で 1 日 100 ペソ（約 250 円）．孫を寝かせるゆりかごには，布団ではなく段ボールが敷いてある．

密造工場

政府はマルコス政権時代の 1970 年代，ダイナマイト漁を全面禁止した．2001 年 9 月の米中枢同時テロ後はフィリピンが東南アジアのテロ組織の拠点とされ，テロ組織の掃討を強化．ダイナマイトを作っていた漁師がテロリストとみなされ逮捕されたケースも．

環境保護団体の海上パトロールも増え，カビテ州沖のダイナマイト漁は衰退しつつあるが，それでも，ある漁師は「網で捕るのとダイナマイトでは漁獲が数倍違う．たとえ違法でも，家族を養うためには続けざるを得ない」と主張する．

ダイナマイト職人も地下でひそかに瓶詰めを続けている．ロサリオから車で 1 時間の同州タンサの海岸．バランガイ（最小行政区）の責任者を訪ねると「この道の突き当りの森で作っている．彼らは銃を持っている」と話したが取材だと告げると一転，「昔の話．今は作っていない」．慌てて家の奥に引っ込んだ．

森の前にいた男たちは何を聞いても「知らない」．地元の人は「ダイナマイト作りは警察の目を逃れ命がけだ．彼らにも家族があり，貧しさから抜け出そうと必死なんだ」と声を潜めた．

作成）．

フィリピン・ルソン島バタンガス州で先月27日，旧日本軍の戦艦から引き上げた不発弾が爆発し漁師5人が死亡する事故があった．漁師らは海上で手製爆弾を爆発させて魚を捕る「ダイナマイト漁」に使う弾薬を不発弾から取り出そうとしたらしい．禁止された漁法だが漁村を覆う貧困を背景に地下組織化した密漁が絶えない．（マニラ・青柳知敏）

瓶詰めの爆弾

事故が起きたバタンガス州に隣接するカビテ州ロサリオ．ハサハサと呼ばれる小型魚が水揚げされるこの町は，水上警察が最高レベルの監視の目を光らせる．濁った海辺に約100隻の漁船が並んでいた．朝の漁から戻った漁師は酒を酌み交わす．「一緒に飲め」と手招きするが，ダイナマイト漁の話を振ると途端に口が重くなる．

集落の路地は狭く，洗濯物の水滴が首や背中に落ちてくる．漁師のロベルトさん（54）が，路地脇でハンバーガーを焼いて売っていた．

「今日は不漁で，100ペソ（約250円）しか稼げなかった．暮らしていけない．ハンバーガーを売って足しにしている」．ロベルトさんは昔，ダイナマイト漁をしていた．

沖合15キロまで船で出て海底に届く網を引くのが通常の漁法だが，大がかりなわりに漁獲が少ない．「だからダイナマイトを使うんだ．海中で爆発させ，死んだり気絶した魚をかき集める」．

爆薬は自家製．化学肥料を加熱して市販の薬を混ぜ瓶詰めに

図7-1　フィリピンのダイナマイト漁の記事（東京新聞2006年9月6日より

5．もしあなたが、この地区の海洋保護区の管理者になったとしたら、どのような行動をとりますか。

このとき、ダイナマイト漁の様子をビデオで見せると、百聞は一見に如かずのとおり、その環境への影響や危険性がよく伝わる。

ステップ2　ケースに書かれている事実を共同確認する

いよいよ教室に集まってケース・メソッドによる授業を始める。

このステップの第一の目的は、ケースに述べられている基本的な事実をその場の全員で共有することにある。

講師はまず、受講者たちに質問を投げかけながら、ケースに書かれている事実を確認する。受講者たちがケースの物語についての認識を共有するためである。

予習課題の1に示したような、「このケースの内容をひとつの文章で要約してください」という問いでは、ケースに書かれている事柄の本質を尋ねている。この回答を授業の始まりに複数の受講者にあげてもらい、それらをホワイトボードに記す。受講者がどのようにケースを解釈したのか、そのちがいを含めてここで明らかになる。授業の終わりに再び同じ問いを投げかけて、授業前後でケースを見る目がどう変わったかを確認したりもする。

つぎに、予習課題の2にある、ケースに描かれたコンフリクトが「いつ（when）」、「どこで（where）」、「だれ（who）」について起きているものかを確認する。これらは、いわゆる5W1Hのなかの、基本的な質問である。

ここで、「だれ（who）」について確認するときには、登場人物の名前をあげるだけでなく、「関係者分析」をかならずやっておきたい。登場する人物あるいは機関が、どのような属性をもっていて、問題とその解決にどのようなかかわりや力をもっているのかを検討するのである。さらに、関係者たちがどのような関係にあるのか――たとえば、協力的なのか、反発し合っているのか、あるいは支配したり従属したりしている関係もあるかもしれない――、簡単な社会ネットワークの図を描いておくと、後で問題を分析するときにもわかりやすい。

ダイナマイト漁のケースであれば、関係者として「ダイナマイト漁をする漁業者」、「ダイナマイト漁をしない漁業者」、「水上警察」、さらに、ケースには登場しないのだが、潜在的な関係者として「環境保護団体」などがあげられたりする。かれらの年齢、職業、家族構成などをケースに書いてある情報をもとに、ときには想像を交えて、できるだけ具体的に受講者に述べてもらい、それをホワイトボードに書き出していく。このとき、資源の利用への依存度や管理をする権能などを軸にして分類してもよい。そのうえで、関係者どうしのかかわりを分析する。たとえば、ダイナマイト漁における関係者の間の相関図を、関係者間に線を引きながら、「取り締まり」とか「協力」などのキーワードも書いておく。こうしておくと、登場する人びとや組織とダイナマイト漁とのかかわり具合がひと目で把握できる。

また、このケースが「いつ（when）」起きているのかを尋ねるときには、ホワイトボードに時間軸を引いて、ケースのなかのできごとを時間の経過を追って受講者に尋ねて並べていく「時間軸分析」をお勧めする。「時間軸分析」は、なにがいつどういう順序で起きたのかという、ケースの物語の進行を全員で共有するプロセスである。時系列を一目瞭然なかたちでつくっておけば、この後におこなう議論の共通の土台ができるので役に立つ。

なお、ここでは「5W1H」の質問のうち、「なぜ（why）」と「どのように（how）」を尋ねていない。これらはつぎのステップのために大事にとってある。

ステップ3　ケースについての疑問を解消する

ステップ2で、受講者たちはケースの基本的な事実を共有した。だが、事前にケースを読んだときに得た疑問については、まだ答えを得ていない。それは受講者それぞれの頭のなかでモヤモヤとしているかもしれない。このモヤモヤが解消されなくてはほんとうに事実を共有したとはいえないし、ケースに書かれた状況のなかに深く入り込めない。そこで、ここステップ3では、講師は受講者に質問を促し、質問に答えることでこのモヤモヤの解消に努める。ダイナマイト漁のケースの授業では、ダイナマイト漁でどんな魚が獲れるのか、ダイナマイトで死んだ魚でも市場で売れるのかなどといった質問が出たりする。

ステップ2とステップ3の目的は、受講者全員で知識と認識の共有をはかること、いうなれば、ケース・メソッドの土台づくりである。受講者は、それぞれがもつ知識や価値観をもってものごとを解釈する。ところが、一人ひとりがもつ知識も価値観もまったく同じわけがない。なので、たとえ同じケースを読んでも、受講者全員が同じように解釈しているわけではない。このままでは、ケースを分析したりアイディアを出したりするときに、話がかみ合わなくなってしまう。そこで、知識と認識の共有をはかるというわけである。この二つはとても大切なステップなのである。

ステップ4　ケースを協働で分析する

ケースのなかの事実を共有したところで、つぎに受講者は、講師が提供する枠組みに沿って、協働でケースを分析する。ここで、ステップ2で留保しておいた質問、「なぜ（why）」と「どのように（how）」が登場する。

ダイナマイト漁のケースの場合、予習課題3と4でダイナマイト漁のメリットとデメリットを尋ねている。いいかえると「なぜダイナマイト漁をおこなうのか」、「なぜおこなわないのか」という質問になる。ケースの物語の核心である問題がなにかを考え、その問題を中心とした因果関係の構造図（問題系図やプロブレム・ツリーと呼ばれる）を描くのもよい。描いた因果関係を逆にたどって、問題解決の方法を探ることもできる。

もし、そのケースの物語が、登場人物がなんらかの意思決定を迫られる場面で終わるなら、ここで

「あなたならどのように意思決定しますか」と問うのもよい。このときには、まず、共通の前提や規範（たとえば、「サンゴを破壊するのは、いけないことである」といったような）を設定し、それから、その前提や規範に則して、それぞれの選択肢の合理性や倫理性や実行可能性を話し合ったりする。ダイナマイト漁のケースの予習課題５「もしあなたが、この地域の海洋保護区の管理者になったとしたら、どのような行動をとりますか」は、この類の質問である。さらに、そのアクションに実効性をもたせるために必要なものはなにか、たとえば、ダイナマイト漁を監視する高速警備艇とか、漁民どうしで定める漁業ルールとか、魚価の最低額を保証する市場制度なども尋ねたりする。また、それぞれのアクションについて、費用便益分析やＳＷＯＴ（Strength-Weakness-Opportunity-Threat 強み－弱み－機会－脅威の四象限に分類する分析）などをおこなってもよいだろう。

ステップ5　ケースから含意や教訓を引き出す

ケース・メソッドの終わりには、その物語の含意や教訓を引き出す。ここで再び、はじめに尋ねた予習課題1の質問、「この記事の内容をひとつの文章で要約してください」を受講者に尋ねてみよう。このときには、たいていの場合、ホワイトボードに書きとめておいたはじめの回答と比べて、よりケースの本質をつく文章を出してくれる。また、ときには、ケース・メソッドの物語の世界にとどまらない、より普遍性のある含意や教訓を導き出してくれることもある。

5　ケース・メソッドのありかた

ケース・メソッドは、教育や学習のためだけでなく、実際に経験したできごとについて仲間にいっしょに考えてもらいたいときにも、有効な方法である。第4章の冒頭で紹介した東京海洋大学江戸前ESD協議会の失敗談も、短いながらもケース教材として執筆したもので、私たちはこれを使って活動を内省するワークショップをおこなった。

ケース・メソッドは経験から知識を学び、同時に実践における分析や判断の訓練をおこなうのに適した学習法であるのだが、日本で沿岸域管理を学ぶのに活用していくうえでいくつか課題がある。

もっとも悩ましいのは、海辺のコンフリクトの事例について用意されているケース教材がほとんどないことである。そういうときにはケース教材に代用できそうなルポルタージュ記事を探す。ダイナマイト漁はその一例である。だが、こちらもすぐに見つからないことがある。そんなときには、文章から離れて、映画やテレビ番組のドキュメンタリーのような映像作品にも探す手を伸ばしてみよう。現場の状況や登場人物たちのやりとりあふれる映像作品は、ときには文章で書かれたケース教材以上に臨場感をもって受講者を物語のなかに誘ってくれる。ただし、新聞記事やルポルタージュ記事と同様、映像作品も、教材として情報が不十分であったり、不正確であったり、あるいは番組制作者の意図に偏っていたりすることもある。これは注意を要する点なので、情報を文献から補足したり訂正したり、あるいは立場や視点の異なる映像作品や文章を同時に提供して、受講者が偏りなく情報を得て問題の全体像を描くことができるように工夫したい。もちろん、概要をケース教材として書き起こし、その具体例を示すために映像作品を用いる手もある。

映像作品を活用する場合にも、テキストのケース教材の場合と同じように、途中で映像を止めて物語の結末は受講者に見せないでおくほうがよい。映像作品でも登場人物たちがなんらかの意思決定を迫られる場面まで見たところで、受講者に考えうる選択肢をあげさせ、どのような価値観や規範にもとづいてどのように意思決定するべきかを問うのである。

ケース・メソッドのもうひとつの課題は、講師自身にある。

ケース・メソッドの講師には、情報を共有したうえで話し合いを進める場を運営するファシリテーションの技能が求められる。著名な経営学の本にも、ケース・メソッドは「有能な教師の手にかかると、これは非常に効果の上がるもの」とある[13]。逆にいえば、有能でない教師の手にかかると、ケース・メソッドは、言葉を追うだけ、教材を読むだけの授業になりかねない。そうなっては、過去のできごとをいきいきと疑似体験するという、本来の目的が達成できない。ファシリテーションの才能を生まれながらに備えている人も確かにいるが、そうでない人は、経験を通してケース・メソッドの技能を熟練の域へと高めるしかない。こう考えると、ケース・メソッドを実践する講師もまた、そのための訓練をケース・メソッドで受けるべきものなのかもしれない。実際、私が初めて購入した日本語のケース・メソッドの本は、「ケースメソッド授業のやり方をケースメソッドで学ぶ」ための教科書[14]

であった。

私自身は、ケース・メソッドの成否をはかるのは、受講者にどれくらいケースの物語にはまって、登場人物になりきって、話し合い、考えてもらえたかにあると思っている。ケースの物語にはまった受講者どうしの話し合いは、熱を帯びる。こういうときは話し合いがおこなわれている後ろで、シメシメとほくそ笑む。逆に、受講者がケース教材の言葉を追うだけでつまらなそうにしているとき、議論がさっぱりもりあがらないときには、外したなあ、と、いたたまれない気持ちになる。だが、不思議なことに、たとえそんなふうに失敗したと思うときでも、ケース・メソッドをやっている間には、自分自身がなんらかの閃きを得たり、新たなことに気づいたりする瞬間がかならずくる。それを思って、耐える。ケース・メソッドでは、講師もまた学習しているのである。

思想家ルドルフ・シュタイナーは「歴史は、個としての人間が経験した事柄を、まだ経験していない明日に結びつけるような仕方で利用する時に語れるような何か」[15]と述べた。これを借りれば、ケース・メソッドとは「個としての人間が経験した事柄を、まだ経験していない明日に結びつけるための、学びの手法」である。その手法を十全に生かすためには、講師にも修練と準備が必要なことは、身に沁みて知っている。

第8章——海辺に問う——みんなで考える海の課題

1　いわきの海と魚を語ろう

土曜日の昼下がり、いわき市にある福島県水産会館一階の会議室に、ふだん着姿の人たち四十数名が、三々五々集まってきた。午後一時半になると、福島県いわき市水産振興室職員の河野《かわの》拓馬《たくま》さんが前に出て、いつものように挨拶をする。

みなさん、こんにちは。お忙しいなかお越しいただき、まことにありがとうございます。

「いわきの海と魚を語ろう——いわきサイエンスカフェ」の始まりである。

二〇一一年一一月から二〇一四年三月までの毎月の土曜日、「いわきサイエンスカフェ実行委員会」は、いわきサイエンスカフェを開催し続けた。「いわきサイエンスカフェ実行委員会」とは、福島県、とくにいわき市の水産業にかかわる関係者――いわき市漁業協同組合、小名浜機船底曳網漁業協同組合、福島県漁業協同組合連合会、福島県水産事務所、いわき市農林水産部水産振興室（当時）、福島県水産試験場（福島県水試）、いわき市中央卸売市場、いわき水産加工業連合会、アクアマリンふくしま、いわき海星高校と東京海洋大学江戸前ESD協議会――の集まりである。

この委員会ができたのは二〇一一年九月、福島第一原発事故によって海が放射性物質で汚染されてから半年が経ったころのことである。当時は、政府・研究機関が放射性物質の調査結果を公表していたが、操業を自粛していた福島県の沿岸漁業の再開を含め、今後の見通しはまだなにもなかった。そこで、福島県いわき市の海と魚と水産業の状況について情報を交換し話し合う場をつくろうと、いわきサイエンスカフェ実行委員会は結成された。

いわきサイエンスカフェの公式な開催趣旨は、これもまた河野さんのいつもの挨拶を借りれば、つぎのようになる。

いわきサイエンス・カフェは、本市の基幹的な産業である水産業が、とくに操業の自粛を余儀なくされている沿岸漁業など、現下の厳しい状況から一歩踏み出していくため、海や漁業にかかわるさまざまな立場の方々が、情報を共有し、話し合い、これからの本市の海と魚と放射能について考えていく場として、東京海洋大学の協力を得て開催するものです。

海辺の暮らしには、高潮や津波に襲われるリスクがともなう。東日本大震災では、津波を受けた原子力発電所の事故で放射性物質が大量に放出される事態にまで被害は拡大した。災害に巻き込まれた沿岸地域の共同体がおだやかな暮らしを取り戻すまでには、つぎつぎと立ち現れるさまざまな障壁と対峙していかなければならない。

ひとつの共同体が問題に取り組む過程では、人びとは情報や知識を出し合いながら、話し合いを繰り返して異なる意見をつきあわせ、最善の策を探り選択しようとする。このような、協働で学び合う過程は、「ソーシャル・ラーニング（social learing 社会的な学び）」と呼ばれる。環境管理学の文献から定義を借りれば、「経験やアイディアを他の人たちとわかちあうときに起きる、絶え間なき内省の過程」[1]である。ソーシャル・ラーニングは、森林や農地や沿岸を含む、あらゆる地域管理の根幹として、近年広く認められている概念である。もちろん、たんに話し合えばよいというものではない。ソーシャル・ラーニングとは、ある問題についてかならずしも利害が一致していない関係者たちが、心を開いて話し合い、建設的な思考をもって協力して問題解決をはかろうとするところに生まれる、知識の創造なのである。

本章では、放射性物質による海の汚染という事態に直面した、福島県いわき市の水産関係者の方々の取り組みである「いわきサイエンスカフェ」の事例を通して、ソーシャル・ラーニングの意義を検討したい。

2　福島県浜通り地方の漁業と電源産業

福島の海岸線

まず、福島県の沿岸がどういうところかを確認しよう。

地図で東北の太平洋沿岸部を見ると、宮城県の仙台湾を境に北と南とで海岸線の形状はずいぶんとちがう様相を見せる。仙台から北へ向かう海岸線は、塩釜、松島、石巻を経て海跡湖・万石浦のある牡鹿半島でくるりと南に巻き、こんどは北へ向かってギザギザと細かく入り江を刻みながら、岩手県の重茂《おもえ》半島を頂点とする弧を描き、下北半島まで延びていく。リアス式海岸である陸中海岸には水産業で知られる市町村自治体が軒を並べ、無数の入り江でカキ、ワカメ、ホタテなどの養殖を含む沿岸漁業が営まれている。

一方、仙台から南の阿武隈川をまたいで福島県に向かう海岸線はずっと滑らかである（図8-1）。海岸線は、ややふくらみを帯びながら、新地町、相馬市、南相馬市、浪江町、双葉町、大熊町、富岡町、楢葉町、広野町、そして、南端のいわき市へと、延長約一三九キロメートルをすんなりと下って

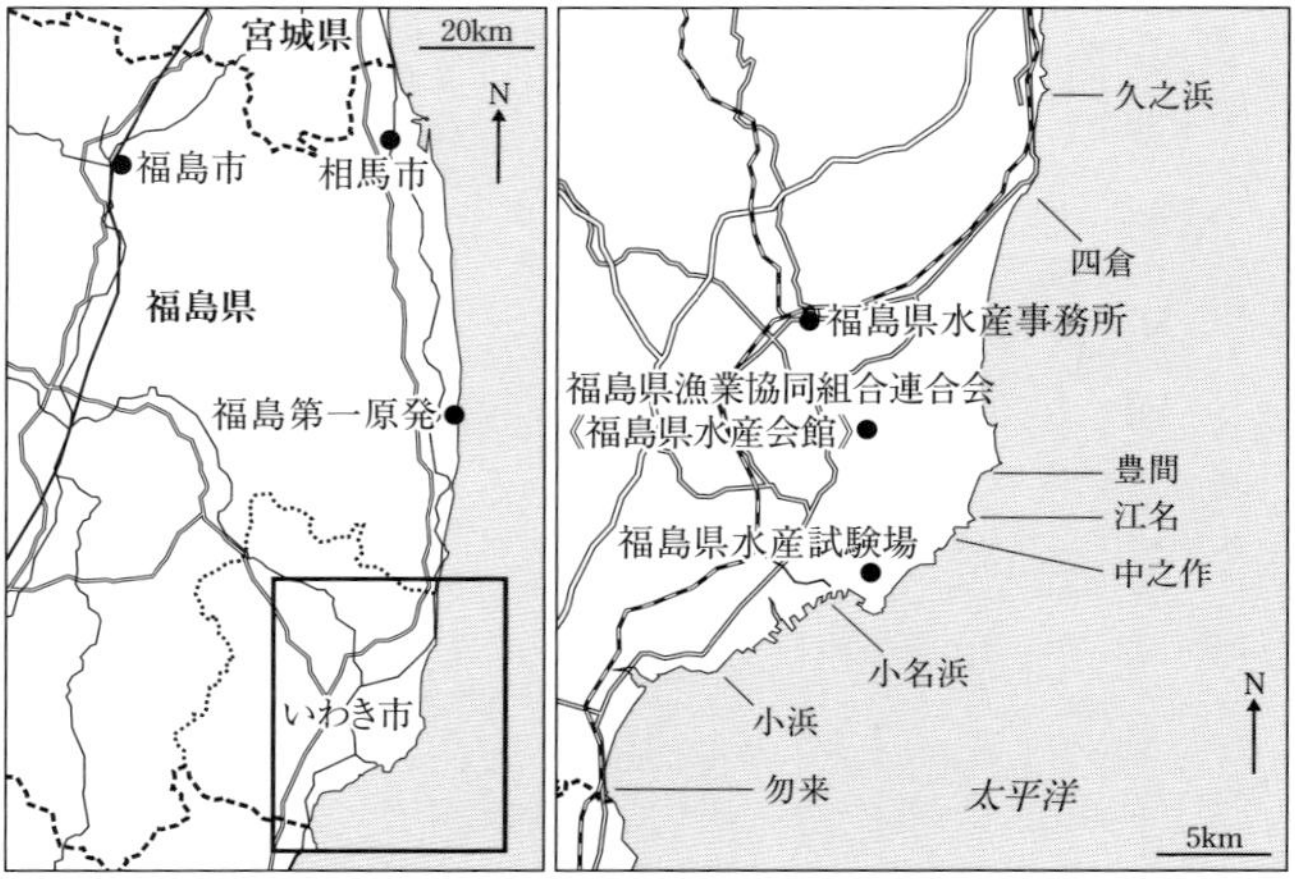

図 8-1　福島県の沿岸（左）といわき市の沿岸（右）（作図はレズリー・メイボンさん）.

いく。福島県沿岸地域は、浜通《はまどお》り地方と呼ばれている。浜通り地方と、福島市や郡山市がある内陸の中《なか》通《どお》り地方との間には、標高五〇〇～一〇〇〇メートルのなだらかな阿武隈高地が横たわる。阿武隈高地を水源とする真野川、新田川、請戸川、熊川、富岡川、木戸川、夏井川、鮫川は、東の浜通り地方へ流下して太平洋へと注ぐ。福島県沿岸から太平洋に向かって見れば、大陸棚が沖に張り出しており、北の広いところでは沖合約六〇キロメートルまで、南の狭いところでも約三〇キロメートルまで、水深二〇〇メートル以浅の浅い海が広がっている。

沿岸漁業がさかんな浜通り地方

遠浅な海に恵まれた浜通り地方は、小型漁船による沿岸漁業がさかんな地域である。震災前の二〇一〇年三月に発行された『福島県水産要覧』[2]によれば、二〇〇八年の海面漁業経営体数は七四三、そのうち六一五経営体が沿岸漁業を営む。漁船隻数八六五隻のうち、無動力船一三隻（一・五パーセント）、船外機付き漁船二三七隻（二七・四パーセント）、動力船一〇トン未満五三三隻（六一・六パーセント）というように小型船が多い。二〇〇七年の県内の海面漁業生産量は一〇万トン、金額にして約一九八億円、これは全国順位を見ると二一位で、けっして上位ではない。だが、単純に二〇〇六年の漁業経営体数七八八で割ってみると、一経営体あたりの生産金額は二五一三万円と好調だ。

福島県の沿岸漁業は、県北部の相馬・双葉、略して相双《そうそう》と呼ばれる地域と県南部のいわき地域とに分けられる。相双地域には、新地（新地町）、相馬原釜、松川浦、松川、磯部（以上、相馬市）、鹿島（南相馬市）、請戸（浪江町）、富熊（富岡町）地区があり、なかでも相馬原釜地区は、経営体数も水揚げ規模も、県下でもっとも大きい。相双地区は、底びき網や刺網による沿岸漁業がさかんで、カレイ、ヒラメ、アイナメなどの高価格で取引される高級魚も水揚げされる。震災前の相馬原釜地区のにぎわいについて、長年にわたり福島県水産試験場相馬支場（当時は松川浦支場と呼ばれていた）に勤務した水野《みずの》拓治《たくじ》さんは、「非常に活気あふれる漁村で、日本一といってもよいような沿岸漁業の基地」と誇らしげに語ってくれた。

一方、南部のいわき地区では、カツオやサンマなどの回遊魚が水揚げされる小名浜《おなはま》港や中之作《なかのさく》港がよく知られているが、沿岸漁業の漁港としては、ほかにも久之浜《ひさのはま》、四倉《よつくら》、豊間《とよま》、江名《えな》、小浜《おばま》、勿来《なこそ》があり、アオメエソ（メヒカリ）、カレイ、ヒラメのような底魚をとる底びき網漁業、ホッキをとる桁《けた》網《あみ》漁業、アワビやウニなどの磯根資源を潜水して採る採鮑《さいぼう》漁業、シラス、コウナゴをとる船びき網漁業など、これもまたさまざまな漁業が営まれている。

電源産業——もうひとつの浜通り地方の産業

福島県浜通り地方には、もうひとつ、首都圏へのエネルギー供給基地としての顔がある。[3] 戦前は、常磐炭田で採掘された石炭が首都圏に運ばれて、京浜工業地域の発展を支えた。戦後の一九五七年には、常磐炭田の石炭を用いて勿来火力発電所（株式会社常磐共同火力）が運転を開始する。その後も首都圏の臨海工業化と人口集中による電力需要の増大に応え、また、燃料政策の変化に柔軟に対応しながら、出力一〇〇万キロワット以上の大型火力発電所がいくつもつくられ、電源産業は浜通り地方の基幹産業となった。

なかでも、地域経済に劇的な効果をもたらしたのは、原子力発電所の誘致である。いわき地区と相双地区という浜通り地方南北の漁業地域にはさまれた双葉町、大熊町、楢葉町、富岡町には、東京電力福島第一原子力発電所（第一原発）（六基四七〇万キロワット）・第二原発（四基四四〇万キロワット）がある。国策として原発を推進してきた日本には、一九七四年に制定された「電源開発促進税法」、「電源開発促進対策特別会計法」、「発電用施設周辺地域整備法」のいわゆる電源三法をもって原発立地地域に利益を還元するための制度がある。この制度がもたらす「原発マネー」[4]は、原発が立地する町の財政を支えてきた。たとえば、地方公共団体の財政力を示す指標に、財政力指数というものがある。これが高いほど団体の財政に余裕があるといわれる指数だが、震災前の二〇一〇年度の福島県の市町村では、県庁所在地である福島市が〇・七三、県内経済の中心地である郡山市が〇・七七、浜通り地方で最大の都市であるいわき市が〇・六八であるのに対し、大熊町は一・四〇、楢葉町は一・〇四、富岡町は〇・八九、双葉町は〇・八一[5]と原発が立地する町は軒並み高く、財政にゆとりがあることがうかがえる。

3　原子力発電所事故後の福島県漁業

放射性物質による海洋汚染

東日本大震災が起こるまで、福島県の浜通り地方は、沿岸漁業と原発関連産業という、性格の異なる二つの産業を内に納めて均衡を保っていた。だが、平穏な風景は、津波と、引き続いて起きた原発事故、そして放射性物質による汚染によって一変した。

東京電力株式会社は、原発事故で放射性物質が放出された経過を、つぎのように述べている。[6]

平成23年3月11日に発生した東北地方太平洋沖地震と地震に伴って発生した津波によって、東京電力（株）福島第一原子力発電所の1～4号機は全ての電源を失いました。そのため、電力が得られない状態と地震発生時に運転中だった原子炉では燃料を冷やすことができない状態が長時間にわたって続きました。そして、2号機では原子炉圧力容器が破損、1、3号機では原子炉で発生した水素の爆発により建屋が大きく破損、定期検査中で運転していなかった4号機では3号機から流入した水素により建屋が破損し、大量の放射性物質が環境中に放出されました。

東京電力ホームページから

放出された放射性物質は、おもに三つの経路を通って海のなかへと入っていった。ひとつは、大気中に放出された放射性物質が海域へ降下して。それから、大気から陸域に降下した放射性物質が河川などを流下し海へ運ばれて。そして、原子力発電所から直接に放流され、あるいは漏出して。海洋生態系の放射性物質の分布を計測した東京海洋大学の神田《かんだ》穣太《じょうた》教授によると、原発事故の影響を示す放射性物質、セシウム一三七については、3.5×10^{15}ベクレルが直接海に排出され、また、大気中に放出された約13×10^{15}ベクレルのうち八割程度がのちに海に降下し、合計14×10^{15}ベクレル程度のセシウム一三七が海洋環境に放出されたと考えられている。[7]

漁業自粛と緊急時環境放射線モニタリングと試験操業

その後、海中の放射性物質はどうなったのだろうか。

原発港湾内を除く福島県沿岸の海水中の放射性物質濃度は、その後の数カ月間のうちにほとんど検出されないまでに低下した。福島県の海岸線が単調で、かつ、太平洋に面していたため、放射性物質はすみやかに外海へ移流し拡散されたらしい。

だが、放射性物質の爪痕は海の生きものに深く残されていた。

二〇一一年四月に、福島県沖のモニタリングで採捕されたコウナゴから、きわめて高い濃度の放射性セシウムが検出された。放射性物質が海水や海底土壌から海洋生態系のなかに取り込まれ、魚介類が汚染されたと考えられる。これに対して、内閣総理大臣は、原子力災害対策特別措置法にもとづき、コウナゴの出荷および摂取制限を県知事に指示した。

そして、福島県沿岸では震災直後から二〇一六年九月現在にいたるまで、震災前のようなかたちでの漁業の通常操業はおこなわれていない。震災直後は津波による被害と原発事故による混乱のために、その後は、魚から放射性物質が検出されたことから、沿岸漁業をすべて自粛しているのである。

ただし、この間にも福島県の水産業界は復旧・復興をめざしてさまざまな取り組みをおこなっている。この経過を追ってみよう。

二〇一一年四月、震度五強の余震がまだ続いていたころ、放射性物質による水産物の汚染を懸念した沿岸漁業者たちは、魚を獲って福島県水試にもちこみ、放射性物質の濃度測定を依頼した。今も続く、福島県の「水産物の緊急時環境放射線モニタリング」（以下、モニタリング）の始まりである。以後、福島県水試は毎週、二〇〇検体前後の魚介類について放射性物質濃度を検査し、ホームページ上で公表している。二〇一六年八月三一日までに検査した魚介類は一八五種、合計三万八〇一〇検体におよぶ。[8]

福島県水試のデータの積み重ねによって安全性が確認された魚介類については、福島県漁業協同組合連合会が主導して「試験操業」をおこなっている。「試験」というひびきからよく誤解されるのだが、これはけっして漁獲物から放射性物質が検出されるかどうかを試験するものではない。福島県水産事務所の根《ね》本芳春《もとよしはる》さんにうかがったところ、試験操業とは、モニタリングで放射性物質による影響をほとんど受けていない魚種、あるいは、時間の経過によって放射性物質濃度が明確に低下してほとんど検出されないことが確認された魚種について、小規模な操業と販売を試験的におこない、出荷先での評価を調査し、漁業再開に向けた基礎データを得ようとする、水産物流通のパイロット事業である。

いうまでもなく、漁業が生業や産業として成立するのは、漁獲物が販売できるからである。したがって、沿岸漁業の復旧には、漁業操業の再開だけでなく、その後に、漁獲物が流通し販売されるまでの一連の流れ、すなわち水産物のフードシステムが再構築されなければならない。ところが、東日本大震災後、沿岸漁業を自粛した福島県の水産物は当然、市場に出回らなくなった。こうなると、震災前に各仲買人がもっていた流通販売の経路も途絶えてしまう。たとえ漁業が再開されても、震災前と同じ経路で市場に流通できる保証は一切ない。ましてや放射性物質による汚染が起きた後である。流通の復活には大きな困難がともなうことが当然予想される。そこで、その道を少しずつ探ろうとする取り組みが、試験操業である。

試験操業は、つぎの四つの段階からなる協議を経て慎重に決定される。まず、安全性が確認された魚種について、漁業者と流通業者とが、その操業と流通の体制について協議する。つぎに、地区試験操業検討委員会で地域内の合意形成をはかる。そして福島県地域漁業復興協議会で、漁業者・消費者・流通業者の代表と有識者と行政機関とが協議し、最後に、県下漁業協同組合長会議で試験操業計画を決定する。

漁協は試験操業のために魚市場に検査機器を設置し、県漁連が作成した検査マニュアルにもとづき自主検査体制をととのえた。試験操業が始まってからは、研修を受けた漁協職員が漁獲した水産物からサンプルを抜き出して放射性物質検査を実施し、安全性を確認したことを証明する検査証を貼り、流通業者が震災後に結成した仲買人組合に渡す。

二〇一二年六月、相双漁協は、東日本大震災後、初の試験操業をミズダコ、ヤナギダコ、そしてシライトマキバイ（沖合で獲れるツブ貝）についておこなった。二〇一三年一〇月には、いわき市漁業協同組合も試験操業を開始した。以後、試験操業は海域を広げ、魚種を増やし、二〇一六年九月一日現在では八三種類の魚介類についておこなわれている。[9] きびしい管理の下でおこなうため、二〇一五年の漁獲量は震災前の五・八パーセントと少ない。出荷先は、県内と周辺の限られた市場から始まり、二〇一六年九月現在では築地のほかに、東北、関東、中部、北陸地方と多くの都府県に出荷されている。売れ行きは好調と聞くが、今後漁獲量が増え、他産地の同種の水産物と競合したときに、福島県産水産物が価格を維持できるかどうか、福島県水産関係者はこの点をもっとも懸念している。

このように、二〇一一年三月一一日の津波による人的被害と沿岸のあらゆる施設の壊滅、原発事故、放射性物質の放出、海洋汚染、そして水産物からの放射性物質検出と、めまぐるしく展開するきびしい状況のもとで、福島県水産関係者は放射性物質による被害と向き合い、復興への道を模索し続けてきた。この漁業再開に向けた取り組みを支えているのは、約四〇名の福島県水産職員、魚介類の資源量推定や漁業管理の専門家たちである。かれらは原発事故以来、放射性物質について学び、海の現場においては、水産物のモニタリングをおこない、データを分析した結果をわかりやすく説明したり、あるいは、水産業普及指導員として、担当する地区の漁業者の相談にのったり、試験操業計画案の策定をおこなったりしている。福島県水産職員は、漁業再開に向けた水産業関係者の取り組みの基礎となる「科学の知」を提供する役割を担っている。

4　いわきサイエンスカフェ

二〇一一年五月　生態系のなかの放射性物質の調査を

いわきサイエンスカフェが始まる最初のきっかけは、東京海洋大学練習船「海鷹丸」による第一回福島沖海洋生態系調査だった。

話は二〇一一年五月にさかのぼる。東日本大震災から一月半が経ち、省庁による大気中や海水中の放射性物質濃度の観測は始まっていた。だが、瓦礫が海のどこにどう分布しているのか、地震や津波によって海底地形はどう変化したか、なにより、放射性物質が海洋環境や海洋生態系のどこまで、どの程度広がっているのか、などの状況はほとんど把握できていなかった。また、コウナゴやほかの魚介類から放射性物質が検出されるたびに大きなニュースになってはいたが、環境中の放射性物質のどれくらいがどうやって海洋生物の生体内へ移行するのかといった知見もなかった。

このころ、私は、福島県水試研究員の平川直人《ひらかわなおと》さんに、いわき市の沿岸部を、小名浜を起点に南部の小浜、勿来、そして、市内北部の中之作、江名、豊間、久之浜へとご案内いただいた。当時、東京で聞く福島のニュースは、原発事故と放射能汚染に特化していたのではないだろうか。だが、福島県、とくに県北部の相双地域からいわき地域北部にかけての津波の被害もまた甚大であった。浜通り地方で、東日本大震災で「直接死」とされている方は一六〇四名にのぼる。[10] 久之浜では、津波の後に大きな火災まで起きた。豊間の海岸で車を降り、まったくの更地になっている海沿いの土地に立ったとき、平川さんに「田舎だからなにもないと思うかもしれないけど、ここは住宅地だったんです」といわれ、言葉を失った。

このときにお訪ねした福島県水試の場長・五十嵐敏《いがらしさとし》さんは、「海水もそうだが、植物プランクトン、動物プランクトン、海藻など、海にいる生きもの全体のモニタリングをやっていかなければ、消費者の不安は消えない」と、海洋生態系モニタリングの必要性を国や県に訴えていた。海底の泥のなかにどれくらいの放射性物質が蓄積されていて、それがどれくらいヒトデや貝のような底生生物に移行するのか、さらに、植物プランクトン→動物プランクトン→小魚→大きな魚……とつながる食物連鎖のなかで、放射性物質はどうふるまうのかといった、海に入った放射性物質が魚介類に検出されるまでの経路や割合を明らかにするための調査である。しかし、福島県水試の調査船いわき丸は津波で沈没して失われ、福島県水試だけで調査を実施できる状況ではなかった。

一方、東京海洋大学（以後、海洋大）では、石丸隆《いしまるたかし》教授が大学練習船・海鷹丸（総トン数一八八六トン）による観測を大学の復興支援事業として計画していた。浮遊生物学が専門の石丸教授もまた、水産有用生物の放射性物質濃度を測るだけでなく、海洋生態系の食物連鎖のなかでの放射性物質の移行を明らかにすべきと考えていた。しかし、東北三県の沿岸のほとんどが津波の被害を受け、破壊された港湾内の瓦礫の状況も把握できない混乱のなかで、観測航海への協力を確約してくれる港は見つかっていなかった。この話を石丸教授から聞き、福島県水試の五十嵐場長の考えと同じようだと伝えたところ、相談してみよう、ということになった。

そこで、二〇一一年五月半ば、石丸教授と、再び平川直人さんの案内で、いわき市小名浜にある福島県水試を訪問した。石丸教授と五十嵐場長はこれが初面談だったが、福島の海の生態系調査について熱く話し合った。石丸教授が提案する海鷹丸による海洋生態系観測計画に対し、福島の海を熟知している五十嵐場長はくわしく助言した。福島県水試と海洋大の海洋生態系における放射性物質分布に関する共同研究の始まりである。

こうして二〇一一年七月はじめ、海洋大の研究者・学生、そして福島県水試研究員の総勢三五名による海鷹丸緊急航海 UM-11-03 が福島県沿岸から沖合にかけておこなわれた。観測の目的は、生態系を網羅した放射性物質の分布の測定、漁場環境（瓦礫の散乱状況や水の濁りなど）の調査、加えて、福島県水試の調査船いわき丸が震災前に毎月おこなっていた北緯三七度定線観測である。福島沖の大気や海水や底泥中の放射性物質分布に関する情報がまったくなかったころのことなので、この観測航海の主席研究員である石丸隆教授と、化学海洋学を専門とする神田穣太教授、海洋大放射性同位元素利用施設の技官である伊藤友加里《いとうゆかり》さんが中心となって細心の注意を払って準備をし、乗船者の安全確保と船上・船内の放射能汚染防除に備えていた。この後、いくつかの国内外の大学・研究機関が福島沖で放射性物質の動向を追う海洋観測をおこなっているが、この海鷹丸緊急航海はその最初の観測であった。

「今の話を漁業者にもしてもらえませんか」

海鷹丸緊急航海終了後の二〇一一年九月、石丸教授は福島県水産会館でいわき市漁協の理事や監事の方々に対して海鷹丸緊急航海の報告をおこなった。報告が終わると、それまで黙って聴いていた、ウニ・アワビ漁業者で下神白《しもかじろ》採鮑《さいぼう》組合長の馬目《まのめ》佑一《ゆういち》さんが、「今の話を漁業者にもしてもらえませんか」と口を開いた。この馬目さんのひとことが、いわきサイエンスカフェ開催の直接のきっかけである。

この言葉に背中を押され、私たち東京海洋大学江戸前ESD協議会は（石丸教授はこの共同代表でもある）、いわき市漁協専務理事の吉田《よしだ》和則《かずのり》さんに、海や魚と放射性物質の話を聴いて話し合う会――サイエンスカフェをやりませんかともちかけた。吉田さんは、「やりましょう」と快く賛同してくださった。そこで福島県水試に戻って五十嵐場長にこのことを伝えたところ、「水産試験場は全面的にバックアップします」と力強くいってくださった。

だが、定期的にサイエンスカフェを開催するには、事務局が必要である。そして、いわき市で開催するのだから、事務局も当然、市内にあったほうがよい。けれども、漁協は震災後の組合運営や組合員の保険や補償などなどのさまざまな手続きで忙殺されており、また福島県水試は放射性物質への対応で多忙をきわめていた。とてもサイエンスカフェの運営まで手が回らない。私たちはそこで行き詰ってしまった。

ところが、翌日、いわき市役所を訪ねたところ、この問題は一気に解決した。いわき市農林水産部水産振興室がサイエンスカフェ事務局を引き受けてくださることになったのだ。水産振興室の小島《おじま》誠一《せいいち》さんと、本章冒頭に登場いただいた河野拓馬さんの若いコンビの動きは速く、いわき市内の漁協、水産物加工組合、いわき市中央市場などの水産業関係機関、さらに水族館や水産高校など研究教育機関などの水産関係者に働きかけ、みなさんの賛同を得て、任意団体「いわきサイエンスカフェ実行委員会」を組織した。

こうして、二〇一一年一一月二〇日に第一回いわきサイエンスカフェが開催された。初回では、福島県漁業協同組合連合会会長の野崎哲《のざきてつ》さんが東日本大震災後のいわき市の水産業の状況について、そして、石丸教授が福島県沿岸の放射性物質分布のモニタリング結果と海洋生物への移行経路について話した。このときの参加者からは、放射能汚染が非常に心配なのに海にかかわる情報が少ない、放射能が食品にどのような影響があるのかわからない、原発の排水の実態がよくわからない、といった質問が出ている。このころの水産業関係者の、先がまったく見えないことへの不安と苛立ちは、カフェ終了間際の、いわき市漁協組合長・矢吹正一《やぶきしょういち》さんの「いつから漁業が再開できるのか、自分たちはそれを知りたいんだ」というひとことに集約されるだろう。

初回のカフェの終了後に、実行委員会スタッフが内容をふりかえり、はじめの二〇分間で福島県水試のモニタリング担当者が経過を報告して、その後、その日のゲストの話を聴く、という、いわきサイエンスカフェの基本の内容が決まった。その後、何度か開催していくうちに、ゲストの話を聴きながら、若手の福島県水産職員二、三人が要点をポストイット紙にメモし、ホワイトボードに貼ることで「お話の地図」をつくる、それから、会場の五つのテーブルに分かれて着席している参加者の方々が、聴いたばかりの話について意見をいい合い、それをポストイット紙に書いては模造紙に貼りつけ、最後に、テーブルで話し合った内容を会場全体で共有する、という、いわきサイエンスカフェの形式が定着した。

五つのテーブルには、福島県水産事務所の根本芳春さん、鷹﨑和義《たかさきかずよし》さん、山廼邊《やまのべ》貴寛《たかひろ》さん、福島県水試の早乙女《そうとめ》忠弘《ただひろ》さん、伊藤《いとう》貴之《たかゆき》さん、水野拓治さん、平川直人さん、おもなモニタリング報告者である藤田《ふじた》恒雄《つねお》さんや神山享一《かみやまきょういち》さんといった福島県水産職員がかならず入り、話し合いの進行役＝ファシリテータを担った。そして、毎回カフェ終了後には、実行委員会スタッフで一時間程度の「ふりかえり」をおこなった。

いわきサイエンスカフェは、二〇一一年一一月から二〇一四年三月までの間に計二八回開催された。このうち年三回はアクアマリンふくしまや海洋大など別の会場で、形式も少し変えて開かれたものの、たいていは、いわき市にある福島県水産会館の会議室を使わせていただいた。ゲストには、遠方からおいでいただいた国の研究機関や大学研究者の方々もいれば、市内で水産物の流通・加工に従事する方々もいた。自然科学から水産物流通まで、水産物と放射性物質、あるいは、いわき市の水産業が震災後どのような状況にあるのかといったお話を聴き、それをまたテーブルで話し合った。毎回の参加者数は約四〇名、いわきサイエンスカフェ実行委員会を構成する団体で実務に就かれている方々がほとんどだったが、いわき市議会議員や漁協幹部、いわき市や首都圏の市民の方々も参加されていた。

課題は社会への発信

いわきサイエンスカフェを開催していた二年半の間に、それまでのカフェについて、スタッフと参加者全員で内省するワークショップを二回おこなった。ここでは、終盤の二〇一三年一〇月と一一月におこなった「ふりかえり」ワークショップを紹介したい。

初回から二年が経過したころ、スタッフのなかから、参加者がいつも同じような顔ぶれに固定されマンネリ化しているのではないか、という声が出てきた。話し合った結果、二〇一四年三月でそれまでのかたちでの開催を打ち切り、つぎの事業を考えよう、ということになった。そこで、二〇一三年一〇月と一一月の二回にわたって、「ふりかえり」ワークショップとして、それまでのカフェの内容をふりかえり、「これからも続けたいこと（Keep）」、「課題（Problem）」、「こんなことをやってみたい（Try）」を参加者から出していただくかたちで、参加型評価をおこなった。

このときスタッフを含む参加者の多くが「続けたいこと」としてあげ、もっとも高く評価したのが、福島県水試による水産物の放射性物質モニタリング経過報告である。前述したように、福島県水試は、漁業者の協力を得ながら、二〇一一年四月以来、水産物の放射性物質濃度を測定し続けている。カフェには毎回、福島県水試から担当者が出席し、福島県沿岸の放射性物質の状況と変化を、海域・魚種・時間推移ごとに整理した図やグラフを示しながら説明した。福島県下の漁業協同組合長の方々が、福島県水産業の意思決定にかかわる公式会議で受ける説明と同じ内容である。この説明が、たいへんわかりやすいのだ。加えて、当時のモニタリングでは毎週一五〇体以上の検体を測定していたので、示されるデータも増え続け、海洋環境や水産物における放射性物質の傾向についての説明の説得性も増していく。いわきサイエンスカフェを始めてまもないころに参加者からかならず出ていた放射性物質への質問が回を重ねるごとに減っていったのは、毎回のていねいな報告のおかげである。

ただし、モニタリング経過報告が好評だっただけに、その裏返しとして、情報をもっと広く社会に発信してほしいという意見も多かった。モニタリングの経過は福島県のホームページで公開されている。だが、もっと積極的な、人の目にふれやすいかたちでの――たとえば、ソーシャル・ネットワーキング・サービスのようなものを用いた――発信をとくに若い世代の参加者たちから要望された。

5 海のソーシャル・ラーニング

二年半にわたって開かれたいわきサイエンスカフェは、水産業復興に向けた公式な会議とはまったく別の、人びとの任意の集まりである。このように非公式な場で、海の放射能汚染の状況や水産業の状況について情報を共有し話し合うソーシャル・ラーニングに、どのような意義があったのだろうか。

私自身は、いわきサイエンスカフェは、水産業にかかわるいろいろな立場の方々が、海の放射能汚染にかかわる情報を共有して、話し合いながらそのリスクを考える、いわゆるリスク・コミュニケーションの場であったと考えている。リスク・コミュニケーションの定義にはいろいろあるが、これを日本に紹介した木下富雄氏は、「対象の持つ情報、ことにリスクに関する情報を、当該リスクに関係する人びとに対して可能な限り開示し、たがいに共考することによって、問題解決に導く道筋を探す社会的技術[11]」として「共考」という言葉でまとめている。これに重ねて、土屋智子氏は、「リスク問題をともに考えるうえで、まず対話がなければならないし、共考のつぎには、ともにリスク問題の解決あるいはリスク削減に向けて協働する段階を目指したい」として、「対話・共考・協働」と表している。[12]

原発事故にともなう海の放射能汚染によって、福島県の水産業関係者は二つのリスクを負わされた。ひとつは、水産物の「食のリスク」であり、もうひとつは、水産業の「生業《なりわい》のリスク」である。

放射性物質が海に放出された、汚染された水産物が見つかったという事実は、消費者に食の選択を迫った。世の中には、海の放射能汚染が起きた福島、あるいは東日本の水産物は絶対食べない、という人もいれば、子どもには食べさせないが大人は食べる、という人も、流通しているものは安全だ、と考える人もいる。それぞれが自分の知識と価値観をもって食のリスクを考え、選択する。

では、人はこの知識をどこからどのように得るのだろうか。原発事故の後、放射性物質についての情報は世の中に氾濫し、いったいなにを、だれがいうことを信じればよいのか、わからないほどだった。二〇一二年一月に海洋大にて、消費者と福島県の漁業者とで「海の放射能汚染に関わる不安の根っこ」をいっしょに考えよう、というワークショップを開いた。このときの話し合いの結論も、「情報の信頼性」が最大の不安の根っこだった。

ところが、いわきサイエンスカフェでは、信頼できる人たちが、海洋環境と水産物中の放射性物質について、確かな情報を提供してくれた。参加者は、事故直後は高かった放射性物質の濃度が時間とともに低くなっていく様子や、特定の魚種についてはなかなか濃度が下がらない様子や、その原因についての科学的推定を見聞きし、ほかの参加者と語り合った。こうしながら、参加者もスタッフも、放射性物質についての情報が（ある程度は）腑に落ち、また、水産物を食べることにともなうリスクのイメージを頭のなかに描いていたのではないだろうか。

水産業の「生業のリスク」についていえば、いわきサイエンスカフェへの参加者やスタッフの多くは、水産物の生産や流通に従事する、水産物を供給する立場であった。海と水産物の汚染は、このまま水産の仕事を続けることができるのかという「生業のリスク」に直結する。ところが、大量の放射性物質が海に放出された前代未聞の事態にあって、これがいつまで続くのか、いつ水産業が復旧できるのかを語れる人は専門家にもいない。この状況下で、同じ関心をもつ人たちが集まって開かれたいわきサイエンスカフェは、福島県の、あるいは、いわき市の水産業の「生業のリスク」の大きさを、みんなで手で探りながら測る過程だったのではないだろうか。そして、福島県水試のモニタリング報告から、放射能による海と水産物の汚染が確実に縮小している様子を知り、水産業についての希望をつないだ――というのはいいすぎだろうか。

福島県は、原発事故が起きる一〇年ほど前に、原子力発電所や国に対して不信の念をもち、「福島県エネルギー政策検討会」を立ち上げている。電源立地県としての立場でエネルギー政策全般の検討をおこない、今後の電源立地や同地域のありかたなどについての考え方をとりまとめるためである。この検討会が二〇〇二年に発表した「中間とりまとめ」[13]は、国の原子力政策、とくに核燃料サイクルに対する強い疑念を呈していた。それから九年後に起きた今回の原発事故の後、福島県は脱原発を決定した。今は、原子力にかかわる産業として、再生可能エネルギーに期待を寄せている。そうした福島県の意向を受けて、二〇一三年から経済産業省は、楢葉町沖合二〇キロメートルの底びき網漁業の漁場で、浮体式洋上風力発電の実証実験[14]をおこなっている。

強大な権力をもつ国や県が、海洋に新たなエネルギー産業を興そうとしている流れにあって、海の放射能汚染というハンディキャップを背負わされた福島県の沿岸漁業はいかにも劣勢に見える。沿岸漁業を含む水産業は、こうした新たな海洋開発の動きと、どのようにかかわっていくのだろうか。

福島県浜通り地方の「復旧」を確実なものにするための大前提は、原発事故を収束させ、放射性物質がこれ以上環境中に放出されない状況を確実につくりだすことである。そのうえで「復興」をめざすために、地域の人びとは、暮らしのなかで、仕事の場で、対話をとおして地域の未来を探るソーシャル・ラーニングを進めることだろう。このとき、福島県水試が丹念にデータを積み重ねながらつくっている、海の放射性物質の時空間分布図が、海に依拠した復興へと向かう根拠となる。

第9章——海辺に食《は》む——緑のさかな

1　魚食で漁業を支える

いきなり私ごとで恐縮だが、わが家では毎週、有機食品団体に食品を配達してもらっている。米や野菜や肉だけでなく、シラス、塩鮭、アジの開きなどの塩干物、鮭やサバなどの切身やフィレ、めったに買うことはないがホタテやマグロの刺身、ウナギのかば焼きといった水産物が冷凍で届けられる。ここで売られている水産物（に限らないが）は近所のスーパーと比べてかなり高直《こうじき》、ものによっては値段が倍以上もする。翌週配達してもらうものを注文用カタログで選びながら、なんでまあこんなに値段が高いのかと憤り、心くじけて注文しないこともままある。ここであつかわれている水産物のほとんどは日本近海で獲られた魚介類である。塩干物などの加工過程では化学調味料は使用されていない。カタログにはときどき、生産者——漁業者や加工業者——の方々が写真入りで紹介されている。また、生産者と消費者が交流する機会も年に数回設けられるので、お話ししたことがある生産者の方も多い。このようなかたちで生産販売されている魚を私は「緑のさかな」と呼んでいる。

一九九二年の国連環境開発会議で行動計画アジェンダ21が採択されて以来、持続可能性は人類のあらゆる活動の命題となっている。「持続可能」とは、将来の世代が、現在の私たちと同じくらい、さまざまな自然の恵みを享受できる、ということである。ところが、第2章で述べたように、アジェンダ21から二〇余年を経た今、漁業資源を含む、あらゆる生態系サービスの劣化が懸念されている。

では、魚を獲りすぎなければ漁業は持続するのか、といえば、そんな保証はない。魚の資源量は、漁獲のほかに、魚が一生を過ごす海の環境や生態系の状況によっても影響を受ける。さらに、たとえ魚の資源が豊富にあったとしても、その魚を獲る漁業者はもちろん、魚を流通させ販売する流通業者や魚を買って食べる消費者という一連の人びとの存在なくして漁業は成り立たない。いいかえると、漁業が持続的であるためには、漁業経営に必要な要素、すなわち原魚、労働、資本、市場が四拍子そろって持続しなくてはならない。

これら四つの要素のうち、原魚を漁場で確保できるかどうかは、生物資源量と環境条件に大きく左右される。一方、労働、資本、市場の三つは社会経済的条件であり、市場は労働と資本に大きな影響力をもつ。市場が良好で魚が高値で取引されるならば、漁業の後継者＝労働は確保しやすく、また、漁業に投入される資本も増えるだろう。

こうして見ると、漁業経営を強化するためのてこ入れ先として、原魚の確保と市場の拡大が有効なようだ。実際に、原魚を確保するために、稚魚を放流したり、乱獲を防いだり、生息環境を保全したりする、資源管理の取り組みはあらゆる漁業で進められている。また、新たな市場を開拓するために、大分県佐賀関の関あじ・関さばで知られるような地域ブランドの確立のような取り組みもさまざまに試みられている。

では、漁業経営の個々の要素ではなく、漁獲された魚が市場に流通して消費者に販売されるまでの一連のつながり、すなわち、水産物のフードシステム全体を強化する方法はないだろうか。本章では、そうした試みのひとつとして、「緑のさかな」を紹介したい。ここでいう「緑のさかな」とは、「その生産過程における自然生態系への影響や摂取による人体影響が自然科学的に許容できる範囲にあるという、自然生態系および人体健康への安全性を満たし、さらに、その生産活動がなんらかの社会改善・改革的意味を有する（あるいは求め得る）水産物」である。[1]

2　農林水産物の環境認証

エコラベルとグリーン購入

まず、環境認証と、エコラベルとグリーン購入について整理しよう。

環境認証とは、ある製品が生産・流通・使用・処分されるまでの過程で環境におよぼす負荷が少ないことを認証する制度である。環境認証された製品は、そのお墨付きであるエコラベルを身につけて店頭に並ぶ。環境意識の高い消費者は、店頭に並んだ同じような機能をもつ製品のなかからエコラベルのついた製品を選択し、この「グリーン購入」を通して環境保全に貢献する。

環境認証制度は、一九七〇年代に北ヨーロッパで工業製品について始まった。工業製品はたいてい鉱物を原料として工場で生産され、使用されたのちに廃棄される。そこで、工業製品の環境認証においては、生産から処分までのライフサイクル全体で環境負荷を考える。

一方、農林水産物は有機物なので、廃棄されればいつかは微生物によって生分解される。そこで、農林水産物については、その生産の過程と方法（Processes and Production Methods）、すなわち「生産品（製品）が加工・処理され天然資源が抽出・収穫される方法」[2]が環境に負荷をかけないものであることが、環境認証のポイントになる。

農業の場合、有機認証が環境認証として通用している。微生物の活発な働きによる肥沃な土壌を基盤として営まれる有機農業は、減農薬や無農薬で生産するので、その生産過程では化学薬品による環境汚染も生産者自身の健康被害も起きない。先駆的な欧米では、有機農業を実践する生産者団体が自主的に有機認証基準を策定し、認証し、販売してきた。[3]たとえば、英国最大の老舗の有機農業団体・土壌協会（Soil Association 一九四六年設立）[4]は、一九七一年から独自の基準を定めている。その後、有機農業の広がりを受け、一九九一年にＦＡＯ／ＷＨＯ合同食品規格委員会（コーデックス委員会）が有機食品に係るガイドライン作成の検討を開始、一九九九年に「有機生産食品の生産、加工、表示及び販売に係るガイドライン」が採択された。現在の有機認証は、日本を含めて世界的にこのガイドラインに準拠した制度となっている。[5]

他方、木材などの林産物については、森林管理協議会（Forest Stewardship Council: FSC）のＦＳＣ認証が広く知られている。地球規模で進行する森林破壊は、一九八〇年代に重大な地球環境問題のひとつとして認識されている。とくに熱帯雨林の破壊については、総合商社の木材貿易や政府開発援助が、先住民を含む地域住民の人権侵害を引き起こしている、と日本国内でも抗議の声があがっていた。[6]一九九二年、地球環境破壊に対する危機意識の高まりを背景に開かれた国連環境開発会議（地球サミット）では、森林問題についての初めての世界的合意として「森林原則声明」[7]が採択され、森林の管理、保全、そして持続可能な開発に向けて努力することが表明された。このような流れのなかで一九九三年、森林の環境認証を通して、林産物市場で環境の価値を認めさせ、森林経営そのものを変えよう、と設立されたのがＦＳＣである。ＦＳＣ認証の原則と基準には、森林環境や造林、伐採、維持管理といった林業に関する項目だけでなく、法律の順守、労働者の権利と労働環境、地域社会との関係といった項目も含まれている。[8]

ＦＳＣ認証製品は厳密な管理の下で流通・販売されている。ＦＳＣ認証には、認証を受けた森林で生産された木材が、ＯＡ紙などの最終製品になるまで流通加工過程を管理する、ＣｏＣ（Chain of

Custody 加工流通過程）認証もある。もし、木材が生産された後、加工－流通－販売される過程で一度でもCoC認証を取得していない事業者に所有されたら、それはもうFSC認証製品としてあつかわれない。FSCジャパン[9]によると、二〇一六年三月現在、世界八一カ国で日本の国土の約五倍にあたる約一億八七八〇万ヘクタールもの森林が認証されており、CoC認証は一一七カ国三万件を超えている。日本国内では、森林認証は三三件、認証面積約三九万ヘクタール、CoC認証は一〇四七件という（二〇一六年四月現在）。FSCなど聞いたことないぞ、とおっしゃる方は、ぜひお手元のOA紙の包装紙をご覧いただきたい。そこにFSC森林認証のロゴは印刷されていないだろうか。

水産物環境認証の系譜

本題の水産物で初の環境認証は、一九九〇年に米国で始まったドルフィン・セーフ・ラベルだろう。東太平洋のキハダマグロはイルカの群れの下を回游する習性をもつ。米国では、一九六〇年代中ごろから、ここで操業するマグロ漁船がイルカをまき網に追い込んで溺死させることが問題視されていた。一九七二年「連邦海洋哺乳類保護法」が制定され、二年の猶予期間の間に漁法を改良してイルカの混獲を「ゼロに近く問題にならないレベル」に減らすことが規定された。これが功を奏し、一九七〇年代末には、米国籍漁船に殺されていたイルカの頭数は年間五〇万頭から二万頭に減少した。しかし、この時期、米国のマグロ船団が縮小する一方で、メキシコ、ベネズエラ、エクアドルなど中米諸国のマグロ漁船が増加し、一九八〇年代中ごろ以降、混獲されるイルカの頭数も再び増加した[10]。

一九八六年、自然保護団体アース・アイランド研究所（Earth Island Institute）は、「国際海洋哺乳類プロジェクト」としてツナ缶購入ボイコットを含むイルカ保護キャンペーンを開始する。一九九〇年四月一二日、米国の三大ツナ缶企業は、イルカを追い込むような網で獲られたマグロの購入を中止すると宣言した。[11]これに呼応し、米国連邦政府は一九九〇年「イルカ保護消費者情報法」を可決、マグロ漁のイルカ混獲率を制限する「ドルフィン・セーフ」基準をつくり、基準を満たさない漁法で捕獲されたマグロについてはドルフィン・セーフ・ラベルを貼ることを禁じた。

この措置に対し、一九九二年、メキシコ政府は、「市場での差別的取り扱いを受けている」として、関税貿易一般協定（GATT）に違反を訴えた。しかし、GATTは、ドルフィン・セーフ認証は国産品・輸入品を問わずに同一基準でおこなわれ、米国政府は認証ラベルの有無による差別的取り扱いをせずに、購入は消費者の自由選択に任される、として、ドルフィン・セーフ・ラベルを関税障壁ではないと判断した。[12]その後の、メキシコと米国間のドルフィン・セーフ・ラベルにまつわる論争は、世界貿易機関（WTO）に引き継がれている。[13]

イルカ保護キャンペーンをおこなった国際海洋哺乳類プロジェクトは、今やツナ缶業界の九割は「ドルフィン・セーフ」であり、マグロ漁業で混獲されるイルカの頭数は、一九八〇年代に年間八万〜一〇万頭だったものが、二〇一二年におこなわれた乗船調査では八八〇頭に減少した、[14]とキャンペーンの成功を誇っている。

つぎに登場した環境認証水産物は、一九九五年にノルウェーで有機認証された養殖サーモンである。

区切られた水面で魚介類を育てる養殖漁業には、畜産業との共通点が多い。養殖が有機認証の取得に向かうのは当然のなりゆきだったのだろう。しかし、養殖、とくに給餌養殖には、いろいろな資源環境問題がつきまとっていた。たとえば、一九八〇年代半ばに出版された本は、日本の魚類養殖でもっとも生産量の大きいブリ類養殖について、種苗の大量採捕と沿岸資源の乱獲、餌となる魚の大量消費、そして給餌養殖による環境汚染の三つを問題点としてあげている。[15] すなわち、種苗生産ができない魚種の種苗は天然の稚魚に求めなければならないため資源の乱獲につながる、飼料の原料である魚粉や魚油を確保するために沖合漁業での漁獲圧が大きくなる、そして、餌を海に過剰に投げ入れれば、残渣が海の有機汚濁や貧酸素などを引き起こす、などである。加えて、生簀のなかで多数の魚を飼育することから、魚病の発生を防ぐために抗生物質を投与する。このため食の安全性に対する疑念もあった。一九九八年に国際食品規格の策定などをおこなう政府間機関であるコーデックス委員会が「魚類水産製品のための製造規範勧告案（ステップ3）」を出し、以後、持続的な養殖生産の取り組みが国際的に進められるようになる前[16]のことである。

そんなころの一九九五年にノルウェーの有機農業認証機関DEBIOが定めた「食用魚のための有機魚類養殖基準[17]」を読み直してみると、「取り扱いの間、魚を三〇秒以上水から出してはいけない」、「選別・移動はすべて操業記録帳に記すこと」、「化学療法を含む治療を病気の魚に施した場合、それに連なるユニットの魚を有機として販売してはいけない」などなど、養殖飼育密度の上限を定め、遺伝子操作を禁じ、薬品の使用や飼料を制限し、養殖記録保持や解体処理についても細かく指示をしている。有機養殖サーモンは、この基準にもとづいて養殖生産された。

その後、養殖の有機認証は欧州のムール貝やコイやマスなどに広がり、また、東南アジアや中南米のエビ養殖についてもおこなわれるようになった[18]。第2章で紹介したように、東南アジアや中南米の沿岸地域は、グローバル経済の大きな流れのなかで、企業的エビ養殖に席巻された。これに対して、地域の人びとによって養殖生産されたエビを、欧州や米国や日本など輸入国の消費者が選択的に購入して、生産者の自律的な経済活動を支援しようとする活動がある。たとえば、日本では、食べものの民衆交易をおこなう株式会社オルター・トレード・ジャパン[19]が、インドネシアのジャワ島で伝統的な方法で養殖生産されているブラックタイガーを商標「エコシュリンプ」として取り扱っている。有機認証は、こうした公正貿易（フェア・トレード）を進めるツールにもなっている。

そして第三の水産物環境認証が、海洋管理協議会ＭＳＣ（Marine Stewardship Council）によるＭＳＣ認証、通称「海のエコラベル」である。

ＭＳＣは、海洋生物資源の乱獲や枯渇について世界中で積極的に活動する自然保護団体・世界自然保護基金（World Wildlife Fund: WWF）が英国の大手食品企業ユニリーバ社と共同で一九九七年に設立した非政府機関である。ＭＳＣは、前述した森林管理協議会FSCをモデルにつくられ、一九九九年にはＷＷＦから独立している。ＭＳＣの「持続可能な管理された漁業」の基準は、国連食糧農業機関ＦＡＯが一九九五年に打ち出した「責任ある漁業規範（Code of Conduct for Responsible Fisheries）」をもとに、資源量、海洋環境への影響、漁業管理システムの三つの視点から設定されている。

ＭＳＣは、二〇〇〇年の西オーストラリアのロック・ロブスター漁業を皮切りに、欧州を中心に認証漁業を増やしている。二〇一四年度の年次報告書[20]によると、世界で三六の国々の二五〇以上の漁業がＭＳＣ認証を取得し、一〇〇近くの国々で一万七〇〇〇を超えるＭＳＣラベル製品が販売されており、三万四〇〇〇を超える事業所がＭＳＣのＣｏＣ認証を取得して製品から持続可能な漁業まで確実に遡ることができるようになっている、という。

ＭＳＣ認証の考え方は養殖漁業にも適用され、水産養殖管理協議会（Aquaculture Stewardship Council: ASC）による持続可能な養殖のためのＡＳＣ認証もつくられた。二〇一四年一一月現在、ＡＳＣ認証の対象となっている魚介類は一二品目、これらのうち、ティラピア、パンガシウス、サケ、二枚貝（カキ、ホタテ、アサリ、ムール貝）、アワビ、淡水性マスについては、基準づくりの作業が完了し、ティラピアとパンガシウスは認証製品の流通も始まっている。

日本国内でも、ＡＳＣ担当者と養殖業者とが協議しながら、魚類養殖の主力であるブリ・ハマチ類についてのＡＳＣ認証基準づくりを進めている。また、二〇一六年三月には東日本大震災で被災した宮城県漁協志津川支所戸倉事務所のカキ養殖がＡＳＣ認証を取得している。

ＭＳＣ認証の日本での広がり

ところで、欧米で生まれた海のエコラベルＭＳＣは日本ではどのように受け止められたのだろうか。

二〇一六年九月現在、日本国内では、二つの漁業がＭＳＣ認証されている。ひとつは、京都府機船底曳網漁業連合会のズワイガニとアカガレイ漁業（二〇〇八年九月認証）、もうひとつは、北海道漁業協同組合連合会のホタテガイ漁業である（二〇一三年五月認証）。京都府機船底曳網漁業連合会は、京都府海洋センターの協力のもと、漁期や操業禁止区域の設定、漁獲サイズや網目の拡大、混獲を防ぐように改良した漁具の導入、他県との協定などの資源管理に長年取り組んできた。MSC認証取得の動機について、自分たちの資源管理の取り組みを国際的な評価に投げかけてみたかった、と関係者の方からうかがったことがある。一方、北海道道東のホタテガイ漁業のMSC認証取得は、もともとさかんに輸出されているホタテの、MSC認知度が高い欧州への販売強化がねらいである。

FSC認証に加工・流通過程の管理に対するCoC認証があるように、MSC認証にも加工・流通過程に対するCoC認証がある。日本で初めてMSC認証のCoC認証を取得したのは築地の株式会社亀和商店で、二〇〇六年四月にアラスカのMSC認証サーモンを輸入した。その後、イオン株式会社が、二〇〇六年一一月に日本の小売業として初のCoC認証を取得し、サーモン、たらこ、甘エビなど、一一品目二二種類をあつかい始めた（二〇一二年四月現在）。

ただし、日本でのMSC認証の知名度は高いとはいえない。MSCジャパンが二〇一四年におこなったオンライン・インタビューでは、MSCロゴに見覚えがあると答えた人は二四パーセント、そのロゴが持続可能なシーフードのラベルである、と答えられた人は八パーセントという。

さらにいえば、日本の水産業界がMSCを歓迎しているとはいいがたい。

日本の水産業者には、他国に類のない漁業権制度のもとで地先の海のさまざまな魚介類の資源管理をおこなってきたという自負もあれば、魚種も漁業の様子もまったく異なる欧州でつくられた資源管理の評価基準が日本にもちこまれることに対する反発もある。この反発を原動力に、二〇〇七年、日本の水産業に関係する生産者、加工業者、流通業者、小売販売会社などで構成される日本の水産業団体・一般社団法人大日本水産会は、マリン・エコラベル・ジャパン（Marine Ecolabel Japan）、通称ＭＥＬ（メル）と呼ばれる独自の水産物エコラベルを発足させた。二〇一六年五月現在、静岡県由比のサクラエビ漁や青森県十三湖のシジミ漁など国内二〇以上の漁業がＭＥＬ認証を受けている。[21]

3　「緑のさかな」とはなにか

ここで「緑のさかな」に話を戻そう。

日本には、今まで紹介した水産物環境認証とはちがうかたちで、漁業資源や沿岸海洋環境の保全と持続性についてしっかりした考えをもって生産する漁業者を、かれらの生産物を購入することで支えようとする市民運動がある。環境認証のような厳密な基準があるわけではないが、沿岸環境の悪化、漁業者の高齢化と後継者不足、魚価の低迷という多くの漁村に共通する状況や、特定の沿岸地域で発生した資源環境問題について、生産者といっしょに取り組みたいという流通にかかわる人びとの情熱が動機になっている。これが本章のはじめに紹介した「緑のさかな」である。「緑のさかな」は、沿岸環境を破壊するような巨大公共事業を止めるための公共事業抑止型と、環境や資源の保全に配慮する漁業者を応援する環境保全的生産支持型の二つのタイプに分けられる。

巨大公共事業を止める「緑のさかな」

公共事業抑止型の「緑のさかな」は、一九九〇年代に活発になった市民活動のひとつのかたちである。日本では、地域の沿岸漁業者にほぼ占有的な地先の海の資源環境の利用が認められている。したがって、埋め立てなどの海辺の環境を改変する事業を実施したいときには、事前に漁業協同組合の総会で認めてもらわなければならない。公共事業抑止型「緑のさかな」とは、自然環境を破壊する事業を拒んで漁業を続けようとする漁業者を、志を同じくする市民が支えようという運動である。

たとえば、山口県祝島《いわいじま》の漁民は、株式会社中国電力が進める上関原子力発電所建設計画に反対し、三〇年以上にわたり、毎週、デモを続けている。この祝島漁民を応援して、環境保護団体ＷＷＦでは、祝島で生産されたヒジキやタコの加工品などを通信販売している。[22]また、熊本県球磨川の支流である一級河川・川辺川では、国土交通省のダム建設計画に反対する女性たちが「川辺川を守りたい女性たちの会」を結成、国土交通省が提示した漁業補償金額一六億五〇〇〇万円に対し、「私たちがアユを買うから、川を売らないで」と訴え、「尺鮎トラスト」[23]を立ち上げた。尺鮎トラストは、全国にアユを通信販売してダムに反対する川漁師の販売を支援している。このように全国的な連帯による支援は、公共事業による環境改変を抑止する力のひとつとなっている。

環境保全型生産を支持する「緑のさかな」

もうひとつの「緑のさかな」は、消費者が、顔の見える生産者から水産物を購入する、日々の暮らしのなかに埋め込まれた運動である。この仲立ちをしているのが、本章のはじめで紹介したような、会員制で有機食品を扱う流通事業体である。今から四〇年ほど前、急速な工業化にともなう社会のひずみが日本各地であらわになり、また、有吉佐和子が著書『複合汚染』で化学薬品による食品汚染に警鐘を鳴らしたころ、薬品に依存する農業に反旗を翻した人びとが始めた運動体でもある。その後の食の安全や環境汚染の懸念のひろがりから、有機農業はしだいに社会的に評価されるようになり、賛同する生産者と消費者（市場）を増やし、一九八〇年代には水産物もあつかうようになった。

有機食品事業体の草分けである「株式会社大地を守る会」（以下D社）がどのように水産物をあつかってきたのか見てみよう。

D社は、一九七五年に「農薬の危険性を一〇〇万回叫ぶよりも、一本の無農薬の大根をつくり、運び、食べることから始めよう」をスローガンに活動を開始している。一九七七年一一月に流通部門として株式会社を設立、子会社などの設立や改組を経て、二〇一六年三月末現在、首都圏を中心に約二七万九〇〇〇人の消費者会員と全国に約二五〇〇人の生産者会員がいる。事業体としては、一九八五年に日本で初めて消費者会員を対象とした有機農産物の宅配システムを始め、現在はインターネットでの有機農産物販売、食材の卸売事業、レストラン事業といった食品事業のほかに、自然住宅事業もおこなっている。同時に、食と環境問題についていくつもの専門委員会をもち、そこではD社職員と生産者会員・消費者会員がともに活動している。D社は市民運動体の顔ももち続けているのである。

宅配は、週に一度、消費者会員の家へ注文された商品を配達し、つぎの週の注文書を回収する。消費者会員は、注文書といっしょに感想や要望や苦情などを連絡便として送ることもできる。また、商品とともに配達される情報を見て、生産者へ直接伝えることもできる。今はもちろんインターネットでも同様のことがおこなえる。こうして、生産者－流通業者－消費者の三者の間でのやりとりが可能となる。

D社は水産物の取り扱いの姿勢をつぎのように説明している。[24]

- 安心で安全な水産物の流通を行ないます。
- 水産物の自給率向上に取り組みます。
- 日本近海の水産資源を守ります。
- フードマイルを減らすことで、CO_2を削減します。
- 「小さすぎる」、「傷がついている」などの理由で一般には流通されない水産物の販売を推進します。
- 資源管理された漁法で漁獲された水産物を応援します。
- 環境保全型養殖を追求します。

D社の水産物取り扱い基準では、鮮度保持や退色防止のための薬剤、海藻などの干し場での除草剤のような、化学物質の使用を認めていない。しかし、漁業資源や生産環境の保全についてきびしい基準を設けているわけではない。むしろ、意気に感じた生産者を応援する立場を優先させているように見える。この点が、ＭＳＣのような第三者環境認証とのちがいである。ただし、ＭＳＣやＡＳＣといった環境認証も支持している。

たとえば、一九八四年にＤ社が国産水産物をあつかい始めたとき、一部の消費者会員からは「日本の近海は汚染されているのに、なぜあつかうのか」と異論があった。だが、Ｄ社は「日本では海の生産物を獲らずに生活は成り立たない。海を守り、漁業をもりたてていくためにやりましょう」と答えて議論に決着をつけたという。あるいは、二〇〇一年に前出の「エコシュリンプ」の取り扱いを始めたときには、国産エビがあるにもかかわらず輸入養殖エビをあつかうことや、出荷前に次亜塩素酸消毒したものはＤ社の薬剤不使用の姿勢に反することから、社内で議論があった。だが、インドネシアの環境保全的生産者を支持しよう、と決定したと聞く。

Ｄ社の厚岸緑水会の植樹活動への支援

Ｄ社が取引をおこなっている――生産に対する姿勢に賛同し応援しているともいえる――環境保全的水産物生産者や生産団体は全国各地に散在する。そのうちのひとつ、北海道南東部の厚岸町《あっけし》にある厚岸緑水会について紹介したい。

厚岸町は、釧路から根室半島に向かって東に約五〇キロメートル、漁業と酪農が基幹産業の人口約一万人の町である。厚岸漁業の内訳を見るとサンマとコンブの漁獲金額がもっとも大きく、それぞれ約二〇億円と約一〇億円だが、全国的には厚岸はカキの産地として知られているのではないだろうか。

カキ養殖がおこなわれている厚岸湖は、北の湿原を通って流れ来る別寒辺《べかんべ》牛《うし》川の淡水を受け、また、厚岸湾を介して太平洋とつながっている汽水湖である。ここで毎年約二〇〇トンのマガキが養殖生産されている。かつて厚岸湖は、無尽蔵といわれるほどゆたかなカキ資源に恵まれていた。しかし、明治時代中ごろに生産量が急に減少し、大正時代はじめにはカキ採取が禁止された。その後、厚岸湖のカキ生産は、宮城県から稚貝を購入し、湖口近くを中心に大小多数散在する「牡蠣島」（厚岸湖内に散在する、カキ殻が堆積してできた礁）に撒いて数年後に収穫する「地撒き式養殖」のかたちで再開された。だが、軌道に乗ったカキの養殖生産も、一九六〇年代に急激に減少し、以後、一九八〇年代はじめまで五〇トン未満で低迷する。そして、一九八二年秋から八三年春にかけて、カキの大量へい死が起きた。干潮時に牡蠣島が海面に現れたところ、養殖していたカキはことごとく口を開け、その中身は溶けたような状態だったという。

このできごとはカキ養殖関係者に大きな衝撃を与え、その後の厚岸カキ養殖生産方法の変革の契機となった。まず、生産方法を地撒き式養殖から「垂下式養殖」（カキかごなどを一定間隔で水中に吊るして育てる養殖方法）へと全面的に転換した。そして、厚岸漁業協同組合（漁協）青年部のカキ・アサリ研究班は、「稚貝を宮城だけに頼り続ければ、なにかあったときに共倒れになる、土地の環境に合うカキを土地の種からつくらなければ」と考え、厚岸系カキの再生をめざした。

同時に、漁協青年部有志は、カキが大量にへい死した原因を探ろうとした。ところが、厚岸湖とその周辺の自然環境に関するデータがなく、へい死が起きる前後でなにがどう変わったのかがわからない。そこで、年長者を訪れ、「海はこうだった、川はこうだった」というお話を聞き取りながら、別寒辺牛川を遡って現場を見て歩いた。その結果、河川上流域から中流域にかけては、酪農開発のために川岸のすぐそばまで牧草地が拓かれているところがあったり、水はけの悪い谷地にある牧草地を乾燥させるための河川改修が進んでいたり、森林が伐採されたまま放置されている林地、無立木地《むりゆうぼくち》があったり、あるいは、下流域から厚岸湖にかけては、生活雑排水が無処理で排出されていたり、港湾造成などのために湖岸が埋め立てられていたり、と、厚岸湖を取り巻く環境が昔と大きく様相を変えていることを強く認識した。

こうしたことから、当時コンブ漁師だった神聖吾《じんせいご》さんは、「木を植えて昔と同じ環境に戻そう」と漁協青年部の仲間に呼びかけた。最初に声をかけられたカキ・アサリ漁師の溝畑静雄《みぞはたしずお》さんは「山に行くとは……」と神さんのアイディアにとまどいを感じながらも、木を植えてよい生産環境を取り戻す構想に共感し、厚岸系カキの再生をめざすカキ漁師の中嶋均《なかじまきん》さんらとともに仲間に加わった。こうして一九九一年一月、「厚岸町緑水会」が結成され、無立木地に木を植える活動を開始した。会員は一〇人、ほとんどが右の漁協青年部の活動に参加していた三〇代前半の漁業者である。

この緑水会の物語を、札幌で水産加工会社を営むD社の生産者会員の方から聞いたD社水産担当の吉田《よしだ》和生《かずお》さんは、一九九二年厚岸に溝畑さんを訪れる。吉田さんは、緑水会の「木を植えてカキが獲れる環境を取り戻そう」という構想と、D社の「海を守り、漁業をもりたてる」理念が重なることから、大いに溝畑さんと意気投合したという。以後、D社のスタッフは、毎年、消費者会員とともに厚岸緑水会を訪れ、緑水会の森で枝打ちなどをおこなう厚岸ツアーを開催している。もちろんD社の宅配事業では厚岸のカキやサンマをあつかっているし、緑水会のメンバーが東京に招かれて首都圏の消費者会員と交流するイベントも開かれている。

4 「緑のさかな」は広がるか

「緑のさかな」と環境認証水産物との大きなちがいは、生産者－流通業者－消費者の関係性の有無にある。環境認証水産物の場合、生産者－流通業者－消費者がたがいに知り合いである必要はない。有機養殖認証やMSC認証などの第三者認証のラベルが、製品の安全性や生産過程の保全性を保証してくれるのだから、消費者は店頭でそのラベルを見て、買うかどうかを検討すればよい。

一方、ここで紹介した「緑のさかな」のしくみは、原魚を提供する漁業者と市場を構成する流通業者と消費者との間の「顔の見える関係」があって初めて成り立つ。この水産物フードシステムの屋台骨は、かかわる人びとの関係性である。水産物の生産過程について特別にきびしい認証基準があるわけではない。生産にかかわるポリシーについて、生産者と流通業者の間で合意をして、この内容を消費者に伝える。あるいは、消費者からの要望を生産者に伝える。このように閉じた市場では、第三者認証はいらない。そのかわり、認証にかわる、相互の信頼を築かなければならない。

この相互の信頼を維持するために、流通業者は大きな役割を果たす。商品の生産履歴を確保し、資源環境を保全する生産者の姿勢とその生産過程とを消費者に対して保証する。消費者と生産者とが直接交流できる場を設けたりもする。こうして流通業者は、生産者と消費者の関係をつねに更新し、強化していく。一方、消費者は、この流通業者とシステムとを信頼し、たとえ生産過程を十分に理解しなくとも、その生産者を支持する。

システムの構成員である生産者‐流通業者‐消費者に共通してその根幹にあるのは、人による強弱差はもちろんあるのだが、沿岸資源環境の保全や沿岸漁業の持続性に対する使命感であろう。かれらが熱く語り合う様子を見ていると、評論家の内橋克人さんがいう[25]、同一の使命（ミッション）を共有する人びとの、自発的で水平的な集まり、「使命共同体」という言葉を思い出す。

生産から消費までをつなげたフードシステム「緑のさかな」は、沿岸の生態系サービスを保持していくためのひとつの解となりうるかもしれない。ただし、現在の「緑のさかな」は、日本の水産物の食用国内消費向け六二七万トン（二〇一四年度）[26]に対し、ほんのわずかな品目と数量が小さな市場のなかで流通しているにすぎない。「緑のさかな」のしくみを広げていこうとしたときの課題は、数量の確保や流通システムの効率化もさることながら、なによりも、その高い販売価格だろう。

本章のはじめでぼやいたように、「緑のさかな」は、ふつうの市場にある同じ種類の水産物、とくに輸入水産物と比べて高額である。高い価格のなかには、資源管理する、環境保全的活動をおこなう、化学薬品を用いないように工夫して手間をかける、といった、ふつうの市場では評価されず、それゆえ価格に反映されることのない生産者のサービスが含まれている。あるいは、「緑のさかな」の信頼関係を維持するためにかかる、流通業者のさまざまなサービスも含まれている。このように考えていくと、「緑のさかな」の意義を維持しながら、その価格だけを引き下げることはむずかしい。そして、ここがひとつの問題なのだが、生産過程で資源や環境に配慮したからといって、海で獲れた魚介類の食味が、資源環境に配慮しなかったものよりもよいわけではない。味による差別化がむずかしいのだ。「緑のさかな」にかかわる人びとを広げるには、「緑のさかな」の意義を評価し、一般の市場との価格の差を受容する人びとを増やすしか方法がないのではなかろうか。そのための妙案は思い浮かばないものの、まずは、今の沿岸の資源や環境がどんな状況にあって、漁村や漁業がどんな問題をかかえているのかを、旬の魚を食べながら話し合う場がもっとあればよいのではないかと思っている。

おわりに

東京大学出版会編集部の光明義文さんから、この本の企画をご提案いただいたのは、二〇一二年七月のことだった。その半年前に同会から出版された『江戸前の環境学——海を楽しむ・考える・学びあう12章』では、海をフィールドとした環境教育活動やサイエンスカフェや参加型ワークショップなど、東京海洋大学江戸前ESD協議会がおこなってきた「海のESD（Education for Sustainable Development 持続的発展教育）」の実践例をいくつもお見せした。こんどは、それらに横串を刺す「串」＝体系を示して、というお話だった。

私は、海のESDを「海の持続的利用をみんなで考える場」ととらえている。沿岸域に暮らす人たちが、沿岸域のゆたかな環境や生態系に依拠した暮らしを続けるための、あるいは、そうした暮らしを取り戻そうと話し合うための、土台づくり、すなわち、沿岸域管理に人びとが参加するための基盤構築である。そして、かならずしも利害が一致しない人たちが沿岸域の特定の問題について解決策を探るために、情報をわかち合い、話し合いながらともに考え、アイディアを出し合う、ときには合意を形成してなんらかの意思決定をおこなう、そういうソーシャル・ラーニングの場をめざしたいと実践しながら考えてきた。そこで、海のソーシャル・ラーニングを「串」とし、いくつかの事例を「お団子」として、この本を書かせていただいた。はたして、おいしそうな串団子はできただろうか。

光明さんが出された課題に応えられたかどうかは心もとないのだが、このたび出版にまでこぎつけることができたのは、まちがいなく光明さんの四年半にわたる厳しい愛の（と信じたい）鞭のおかげである。心からの謝意を表したい。

私の大好きな絵本『こおり』の画家である斉藤俊行さんには、急な依頼にもかかわらず、海の見える公園（猫までいるのにお気づきだろうか）の美しい絵をカバーイラストとして描いていただいた。とてもありがたく幸運なことと感謝している。

この本で紹介している事例は、私が研究のための調査で知った取り組みや、ソーシャル・ラーニングの探求としておこなった活動である。原稿を書きながら、それぞれの現場で出会った方々のお顔を思い浮かべ、じつに多くの方々にお世話になっていることにあらためて感じ入った。文中にお名前をあげた方はもちろん、お名前をあげられなかった方々も大勢いらっしゃる。ここで厚くお礼を申し上げたい。

原稿を調えるにあたって、いつも私たちの活動を支えてくださっている六代目江戸前漁師の鈴木晴美さん、一般社団法人葛西臨海・環境教育フォーラム事務局の宮嶋隆行さん、東京海洋大学卒業生で、現在は全国漁業協同組合連合会にお勤めの有馬優香さん、私がケース・メソッド教授法の師と仰ぐ毛利勝彦・国際基督教大学教授、福島県の漁業に関する調査でいつも頼りにさせていただいている福島県水産職員の根本芳春さん、大地を守る会のスピリットを熱く受け継ぐ吉田和生さん、恩師である石丸隆・東京海洋大学名誉教授に、それぞれご登場いただいた章をお目通しいただき、貴重なご助言を賜った。東京海洋大学大学院生の及川光さんにはデータの確認作業をお手伝いいただいた。また、尊敬する二人の同僚、婁小波・東京海洋大学教授と河野博・東京海洋大学教授には全体を通してお読みいただき、貴重なご助言のみならず、鋭い問題提起と、さらにはその解決のためのアイディアまでいただいた。これから試してみようとワクワクしている。

二〇一七年一月　　川辺みどり

川辺みどり・河野博編

江戸前の環境学　A5判／240頁／2800円

海を楽しむ・考える・学びあう12章

秋道智彌

海に生きる　四六判／296頁／2800円

海人の民族学

松田裕之

海の保全生態学　A5判／224頁／3600円

内田詮三・荒井一利・西田清徳

日本の水族館　A5判／240頁／3600円

小野佐和子・宇野求・古谷勝則編

海辺の環境学　A5判／288頁／3000円

大都市臨海部の自然再生

高橋裕

新版　河川工学　菊判／336頁／3800円

ここに表示された価格は本体価格です．ご購入の
際には消費税が加算されますのでご了承ください．

［著者略歴］

一九六一年　山形県に生れる

一九九四年　東京大学大学院工学系研究科博士課程単位取得退学

筑波大学大学院環境科学研究科講師を経て、

現　在　東京海洋大学海洋科学部海洋政策文化学科教授、水産学博士

［主要著書］

『アジアのエビ養殖と貿易』（共著、二〇〇三年、成山堂書店）、『地球環境保全への途』（共著、二〇〇六年、有斐閣）、『江戸前の環境学――海を楽しむ・考える・学びあう12章』（共編、二〇一二年、東京大学出版会）ほか

海辺に学ぶ

環境教育とソーシャル・ラーニング

二〇一七年三月一〇日　初　版

検印廃止

著　者　川辺《かわべ》みどり

発行所　一般財団法人 東京大学出版会

代表者　吉見俊哉

一五三-〇〇四一　東京都目黒区駒場四―五―二九

電話：〇三―六四〇七―一〇六九

振替〇〇一六〇―六―五九九六四

印刷所　株式会社 精興社

製本所　誠製本株式会社

© 2017 Midori Kawabe

ISBN 978-4-13-063365-9 Printed in Japan

JCOPY 〈㈳出版者著作権管理機構 委託出版物〉

本書の無断複写は著作権法上での例外を除き禁じられています。複写される場合は、そのつど事前に、㈳出版者著作権管理機構（電話 03-3513-6969, FAX 03-3513-6979, e-mail: info@jcopy.or.jp）の許諾を得てください。

引用文献

[第1章]

1 環境庁自然保護局（1998）『第5回自然環境保全基礎調査　海辺調査　総合報告書』（ただし，兵庫県は未調査）.
2 浅井良夫（1993）2. 改革と復興——1945年-1954年，『現代日本経済史』，有斐閣，東京.
3 下野克己（1974）日本化学工業の戦後展開（Ⅱ）——日本化学工業史序説，岡山大学経済学会雑誌5（3・4），39-68.
4 資源エネルギー庁. 総合エネルギー統計（エネルギーバランス表）.
http://www.enecho.meti.go.jp/statistics/total_energy/results.html#stte1989（2017年1月7日参照）
5 華山謙（1978）『環境政策を考える』，岩波新書（黄版）41，岩波書店，東京.
6 経済企画庁（1962）『全国総合開発計画』.
7 帝国書院編集部・佐藤久・西川治（1976）『新詳高等地図　初訂版』，帝国書院，東京.
8 原田正純（1972）『水俣病』，岩波新書（青版）841，岩波書店，東京.
9 阿部泰隆（1999）4. 環境法の諸領域，第Ⅱ章　環境法の基礎，阿部泰隆編『環境法』，有斐閣，東京.
10 日本弁護士連合会公害対策・環境保全委員会編（1991）『日本の公害輸出と環境破壊——東南アジアにおける企業進出とODA』，日本評論社，東京.
11 環境庁（1980）『昭和55年版　環境白書』.
12 熊本一規（1995）『持続的開発と生命系』，学陽書房，東京.
13 神田穣太（2012）第3章　東京湾の水の汚れ——水質と富栄養化，川辺みどり・河野博編『江戸前の環境学——海を楽しむ・考える・学びあう12章』，東京大学出版会，東京.
14 水産庁（2015）『平成27年版水産白書』.

15 2013年の漁業センサスは，雇い主である漁業経営体の側から調査をおこなったため，これまで含まれなかった非沿海市町村に居住している者を含んでおり，2008年とは連続していない.

［第2章］

1 鷲谷いづみ（2006）国連ミレニアム生態系評価報告書を読む（前編），科学76（11），1091-1100.
2 The Millenium Ecosystem Assesment. Overview of the Millieennium Ecosystem Assessment.
http://www.millenniumassessment.org/en/About.html
3 The Millenium Ecosystem Assesment. History of the Millennium Assessment.
http://www.millenniumassessment.org/en/History.html
4 The Millennium Ecosystem Assessment（2005）. Chapter 19 Coastal Systems. In *Ecosystems and Human Well-being: Current State and Trends, Volume 1.* eds. Hassan, R., Scholes R., and Ash, N., Island Press, DC, USA.
5 前掲4の Table 19.2 Summary of Ecosystem Services and Their Relative Magnitude Provided by Different Coasta System Subtypes.
6 前掲4の 19.3.1 Human in the Coastal System: Demographics and Use of Serveices.
7 前掲4の 19.4.1 Projections of Trends and Areas of Rapid Change.
8 FAO（2010）*Global Forest Resources Assessment 2010,* FAO Forestry Paper 163.
9 鈴木賢英（1995）熱帯アジアにおけるマングローブ林の現状と将来展望，『アジアにおける開発と環境――その現状と課題，平成4・5年度研究プロジェクト「アジアの開発・環境問題に関する学際的研究」』，亜細亜大学アジア研究所.
10 宮城豊彦・向後元彦（1991）マングローブ林で何が起こっているか，地理36（3），33-40.
11 安食和弘・宮城豊彦（1992）フィリピンにおけるマングローブ林開発と養殖池の拡大について，人文地理44（5），76-89.
12 前掲4.

13 熊谷滋・千田哲資（1992）1. ミルクフィッシュ，Ⅰ．養殖の現状と問題点，吉田陽一編『東南アジアの水産養殖』，水産学シリーズ 90，恒星社厚生閣，東京.
14 FAO Fisheries and Aquaculture Department（2017）Online Query Panels.
15 Primavera, J. H.（1997）Socio-economic impacts of shrimp culture, *Aquaculture Research* 28: 815–827.
16 前掲 4.
17 前掲 4 の Box 19.4 Water Diversion in Watersheds versus Water and Sediment Delivery to Coasts.
18 前掲 7.
19 前掲 7.
20 GESAMP（IMO/FAO/UNESCO-IOC/WMO/WHO/IAEA/UN/UNEP Joint Group of Experts on the Scientific Aspects of Marine Environmental Protection）（1996）*The Contributions of Science to Coastal Zone Management*. GESAMP Reports and Studies No. 61, Food and Agriculture Organization of The United Nations, Rome.
21 United Nations（2002）*Report of the World Summit on Sustainable Development. Johannesburg, South Africa, 26 August-4 September 2002*. A/CONF.199/20.
22 United Nations（2012）Oceans and Seas. *The Future We want*. Resolution adopted by the General Assembly on 27 July 2012. A/CONF. 216/L. 1
23 United Nations Development Programme（2016）*UNDP Support to the Implementation of Sustainable Development Goal 14. Ocean Governance*. Sustainable Devemopment Goals.
24 環境省自然環境局自然環境計画課生物多様性施策推進室・いであ株式会社編（2012）パンフレット『価値ある自然生態系と生物多様性の経済学――TEEB の紹介』，環境省.
25 公益財団法人地球環境戦略研究機関．TEEB 報告書和訳暫定版（2011 年 9 月現在）
http://www.iges.or.jp/jp/archive/pmo/1103teeb.html（2016 年 8 月 22 日参照）
26 ポール・W・バークレイ，デビット・W・セクラー著，白井義彦訳（1975）『環境経済学入門――経済成長と環境破壊』，

東京大学出版会，東京.
27 竹内憲司（1999）『環境評価の政策利用——CVM とトラベルコスト法の有効性』，勁草書房，東京.
28 栗山浩一（1997）『公共事業と環境の価値』，築地書館，東京.
29 環境省．生態系サービスへの支払い（PES）——日本の優良事例の紹介.
http://www.biodic.go.jp/biodiversity/shiraberu/policy/pes/（2016 年 8 月 22 日参照）
30 神奈川県．個人県民税の超過課税（水源環境保全税）の概要.
http://www.pref.kanagawa.jp/cnt/f4832/（2016 年 8 月 22 日参照）
31 環境省自然環境局．経済的価値の評価事例．干潟の自然再生に関する経済価値評価.
http://www.biodic.go.jp/biodiversity/activity/policy/valuation/pu_e01.html（2016 年 5 月 7 日参照）

［第 3 章］

1 多辺田政弘（1990）『コモンズの経済学』，学陽書房，東京.
2 米国沿岸域管理法には，国の沿岸域の資源を保全，保護，開発，可能であれば再生・増進することを国家政策とする，とある（Section 303）.
3 高崎裕士・高桑守史（1976）『渚と日本人——入浜権の背景』，NHK ブックス 254，日本放送出版協会，東京.
4 秋道智彌（2004）『コモンズの人類学——文化・歴史・生態』，人文書院，京都.
5 塩野米松（2001）『聞き書き　にっぽんの漁師』，新潮社，東京.
6 Reed, M.S. (2008) Stakeholder participation for environmental management: A literature review, *Biological Conservation* 141, 2417-2431.
7 ボーム・デヴィッド著，金井真由美訳（2007）『ダイアローグ——対立から共生，議論から対話へ』，英治出版，東京.
8 篠原一（2004）『市民の政治学——討議デモクラシーとは何か』，岩波新書（新赤版）872，岩波書店，東京.

［第 4 章］

1 「国連持続可能な開発のための教育の 10 年」関係省庁連絡会議（2006, 2011）『我が国における「国連持続可能な開発のための教育の 10 年」実施計画（ESD 実施計画）』，平成 18 年 3 月 30 日決定，平成 23 年 6 月 3 日改訂.
2 持続可能なアジアに向けた大学における環境人材育成ビジョン検討会（2008）『持続可能なアジアに向けた大学における環境人材育成ビジョン 2008 年 3 月』.
3 河野博（2012）終章　江戸前の海に『学びの環』はつくられたのか，川辺みどり・河野博編『江戸前の環境学——海を楽しむ・考える・学びあう 12 章』，東京大学出版会，東京.
4 藤森三郎（1971）第 19 章　江戸地先に発祥して全国的に発展したノリ養殖業，東京都内湾漁業興亡史編集委員会編『東京都内湾漁業興亡史』，東京都内湾漁業興亡史刊行会，東京.
5 東京海洋大学江戸前 ESD 瓦版編集委員会（2008）江戸前の海学びの環づくり瓦版第 4 号.

［第 5 章］

1 東京湾環境情報センター.
http://www.tbeic.go.jp/kankyo/index.asp（2016 年 5 月 10 日参照）
2 泉水宗助（1908）『東京湾漁場図——漁場調査報告　第五十二版』，農務省認可.
3 日本環境教育フォーラム（1994）『インタープリテーション入門——自然解説技術ハンドブック』，小学館，東京.
4 Chambers, R.（2002）*Participatory Workshops*, Earthscan, London.
5 東京海洋大学江戸前 ESD 瓦版編集委員会（2009）江戸前の海学びの環づくり瓦版第 9 号.

［第 6 章］

1 藤垣裕子（2003）『専門知と公共性——科学技術社会論の構築へ向けて』，東京大学出版会，東京.
2 Sciencecafe webbook: Introduction, Sipping Science with a Science cafe. eds. Bagnoli, F., Dallas, D., Pacini, G.

https://sites.google.com/site/scicafewebbook/what-is-a-science-cafe（2016 年 9 月 30 日参照）
3 UNESCO. Science for the Twenty-First Century, World Conference on Science, 26 June-1st July, 1999, Budapest, Hungary.
4 日本学術会議（2004）「声明『社会との対話に向けて』」（2004 年 4 月 20 日）.
5 文部科学省（2004）『平成 16 年版科学技術白書』.
6 中村征樹（2008）サイエンスカフェ 現状と課題，科学技術社会論研究 5, 31–43.
7 閣議決定（2006）科学技術基本計画.
8 中原淳・長岡健（2009）『ダイアローグ――対話する組織』，ダイヤモンド社，東京.
9 ボーム・デヴィッド著，金井真由美訳（2007）『ダイアローグ――対立から共生，議論から対話へ』，英治出版，東京.
10 佐伯胖（1970）『「学び」の構造』，東洋館出版社，東京.

［第 7 章］

1 名嘉憲夫（2002）『紛争解決のモードとはなにか――協働的問題解決に向けて』，世界思想社，京都.
2 United Nations（2015）*Transforming Our World: The 2030 Agenda for Sustainable Development*. A/RES/70/1.
3 Shipman, B. and Stojanovic, T.（2007）Facts, fictions, and failures of Integrated Coastal Zone Management in Europe, *Coastal Management* 35（2–3）, 375–398.
4 Bille, R.（2008）Integrated Coastal Zone Management: Four entrenched illusions.
S.A.P.I.EN.S［Online］，1. 2. 1–12. http://sapiens.revues.org/198
5 ピーター・M・センゲ著，枝廣淳子・小田理一郎・中小路佳代子訳（2011）『学習する組織』，英治出版，東京.
6 エーカチャイ著，アジアの女たちの会訳，松井やより監訳（1994）『語り始めたタイの人びと――微笑みのかげで』，明石書店，東京.
7 栗原彬編（2000）『証言　水俣病』，岩波新書（新赤版）658，岩波書店，東京.

8 中村雄二郎（1992）『臨床の知とは何か』，岩波新書（新赤版）203，岩波書店，東京.
9 鯨岡峻（2005）『エピソード記述入門――実践と質的研究のために』，東京大学出版会，東京.
10 マイケル・ポランニー著，高橋勇夫訳（2003）『暗黙知の次元』，ちくま学芸文庫，筑摩書房，東京.
11 Lynn, L.（1999）*Teaching and Learning With Cases: A Guidebook*, Chatham House Pub., New York & London.
12 毛利勝彦（2011）どのようにケースで国際開発を学ぶのか，山口しのぶ・毛利勝彦・国際開発高等開発機構編『ケースで学ぶ国際開発』，東信堂，東京.
13 ダグラス・マグレガー著，高橋達男訳（1970）『新版　企業の人間的側面――統合と自己統制による経営』，産業能率大学出版部，東京.
14 バーンズ・L・B，クリステンセン・C・R，ハンセン・A・J著，高木晴夫訳（1997）『ケースメソッド　実践原理――ディスカッション・リーダーシップの本質』，ダイヤモンド社，東京.
15 ルドルフ・シュタイナー著，高橋巌訳（2011）『シュタイナー――魂について』，春秋社，東京.

［**第8章**］

1 Keen, M., Bruck, T. and Dyball, R.（2005）Social learning: A new approach to environmental management. eds. Keen, M., Brown, V. and Dyball, R., In *Social Learning in Environmental Management: Towards A Sustainable Future*, Earthscan, London.
2 福島県農林水産部水産課編（2010）『福島県水産要覧　平成22年3月』.
3 大藤健太・杉山大志（2011）福島県における今後のエネルギー政策――従来型発送電技術と再生可能エネルギーの対比を中心に，（財）電力中央研究所社会経済研究所ディスカッションペーパー（SERC Discussion Paper）SERC11038.
4 財政力指数とは地方公共団体の財政力を示す指数で，基準財政収入額を基準財政需要額で除して得た数値の過去3年間の平均値.

5 総務省（2013）全市町村の財政指標資料，地方公共団体の主要財政指標一覧.
6 東京電力.
http://www.jaero.or.jp/data/02topic/fukushima/（2016年8月18日参照）
7 Yoshida, N. and Kanda, J.（2012）Tracking the Fukushima radionuclides, *Science* 336, 1115–1116.
8 福島県水産試験場（2016）環境放射線モニタリング（水産物）（181954），2016年8月.
9 福島県漁業協同組合連合会ポータルサイト．福島県における試験操業の取り組み.
http://www.fsgyoren.jf-net.ne.jp/siso/sisotop.html（2016年9月14日参照）
10 福島県災害対策本部（2016）平成23年東北地方太平洋沖地震による被害状況即報（第1660報），2016年9月20日.
11 木下冨雄（2006）リスク認知とリスクコミュニケーション，日本リスク研究学会編『リスク学事典　増補改訂版』，阪急コミュニケーションズ，大阪.
12 土屋智子（2011）第4講　リスク・コミュニケーションの実践方法，「環境リスク管理のための人材養成」プログラム編集『リスク・コミュニケーション論』，大阪大学出版会，大阪.
13 福島県エネルギー政策検討会（2002）「中間とりまとめ　平成14年9月」.
14 経済産業省資源エネルギー庁（2013）「福島沖で浮体式洋上風車の試験運転を開始しました」．ニューズリリース2015年11月11日.

[第9章]

1 川辺みどり（2007）「緑のさかな」を食べる――社会変革を求める水産物購入，地域漁業研究47（1），177–196.
2 OECD（1997）*Processes and Production Methods（PPMs）: Conceptual Framework and Considerations on Use of Ppm-based Trade Measures.* OCDE/GD（97）137, 52.
3 桝潟俊子（1992）第V章　都市と農村を結ぶ〈もうひとつの流通〉を求めて，国民生活センター編『多様化する有機農産物の流通』，学陽書房，東京.

4 Soil Association.
https://www.soilassociation.org/about-us/（2016 年 9 月 19 日参照）

5 農林水産省消費・安全局（2015）有機食品の検査・認証制度について.

6 日本弁護士連合会公害対策・環境保全委員会編（1991）『日本の公害輸出と環境破壊――東南アジアにおける企業進出と ODA』，日本評論社，東京.

7 United Nations. Annex III Non-legally binding authoritative statement of principles for a global consensus on the management, conservation and sustainable development of all types of forests. *Report of the United Nations Conference on Environment and Development*. A/CONF. 151/26（Vol. III）Distr. GENERAL 14 August 1992.

8 Forest Stewardship Council（2015）*FSC Principles and Criteria for Forest Stewardship*, FSC-STD-01-001 V5-2 EN.

9 FSC ジャパン．FSC の広がり.
https://jp.fsc.org/jp-jp/fscnew/1-6-fsc（2016 年 9 月 17 日 参照）

10 NOAA Fisheries Southwest Fisheries Science Center. The Tuna-Dolphin Issue. updated from W. F. Perrin, B. Wursig and J. G. M. Thewissen, eds.（2002）*Encyclopedia of Marine Mammals*. Academic Press, San Diego, California, pp. 1269–1273.

11 Shabecoff, P.（1990）3 Companies to Stop Selling Tuna Netted With Dolphins. *The New York Times*, April 13, 1990.

12 加藤峰夫（1999）グリーン購入とエコラベル，『ジュリスト増刊〈新世紀の展望 2〉環境問題の行方』，271–276.

13 内記香子（2013）【WTO パネル・上級委員会報告書解説⑥】米国――マグロラベリング事件（メキシコ）（DS381）――TBT 紛争史における意義．RIETI Policy Discussion Paper Series 13-P-014，独立行政法人経済産業研究所.

14 International Marine Mammal Project.
http://dev.eii.org/news/entry/25th-anniversary-of-dolphin-safe-tuna（2016 年 9 月 17 日参照）

15 河合智康（1986）『魚 21 世紀へのプログラム』，人間選書 90,

農山漁村文化協会，東京.
16 Codex Alimentarius Commission, Joint FAO/WTO Standard Programme（1999）Section 13 Aquaculture production, proposed draft code of practice for fish and fishery products（At Step 3 of the Procedure）. Appendix VI, ALINORM 99/18.
17 DEBIO（1995）Organic Fish Farming Standards for Edible Fish.
18 大元鈴子（2016）第 11 章　小規模家族経営水産養殖と世界基準――ベトナムの有機エビ養殖．大元鈴子・佐藤哲・内藤大輔編『国際資源管理認証――エコラベルがつなぐグローバルとローカル』，東京大学出版会，東京.
19 オルター・トレード・ジャパン（1999）『エコシュリンプガイドブック――風と水と太陽が育てるエビの秘密』，オルター・トレード・ジャパン，東京.
20 Marine Stewardship Council（2015）年次報告書 2014 年度.
21 マリン・エコラベル・ジャパン．認証された漁業.
http://www.melj.jp/（2016 年 9 月 18 日参照）
22 WWF パンダショップ.
http://shop.wwf.or.jp/（2016 年 9 月 18 日参照）
23 尺鮎トラスト.
http://ayu.moo.jp/（2016 年 9 月 18 日参照）
24 大地を守る会．水産物取り扱い基準.
http://www.daichi-m.co.jp/corporate/safety/basis/suisan/（2016 年 9 月 18 日参照）
25 内橋克人（1995）『共生の大地――新しい経済がはじまる』，岩波新書（新赤版）381，岩波書店，東京.
26 水産庁（2015）『平成 27 年版水産白書』.

[参考文献]

この本のいくつかの章の内容はつぎの論文を下地にしている.

第 2 章　川辺みどり（2007）国連ミレニアム生態系評価における沿岸システムの評価と課題，漁業経済研究 52（1），49-72.
第 4 章　Midori Kawabe, Hiroshi Kohno, Reiko Ikeda, Takashi Ishimaru, Osamu Baba, Naho Horimoto, Jota Kanda, Masaji Matsuyama, Masato Moteki, Yayoi Oshima,

Tsuyoshi Sasaki, Yap Minlee (2013) Developing Partnerships with the Community for Coastal ESD, *International Journal of Sustainability in Higher Education* 14 (2), 122-132.

第 5 章　有馬優香・堀本奈穂・川辺みどり・石丸隆・河野博・茂木正人 (2012) 大学とインタープリターの協同による海洋環境教育の意義と課題——葛西臨海たんけん隊プログラムを事例として, 沿岸域学会誌 24 (2), 75-87.

第 6 章　川辺みどり・神田穣太・櫻本和美・小山紀雄・河野博 (2013)「おさかなカフェ」——異なる沿岸の知の出会う場として, 沿岸域学会誌 26 (1), 67-79.

第 7 章　川辺みどり (2008) 参加型資源管理のキャパシティ・ビルディングにおけるケース・メソッドの可能性, 漁業経済研究 53 (1), 37-54.

第 9 章　川辺みどり (2007)「緑のさかな」を食べる——社会変革を求める水産物購入, 地域漁業研究 47 (1), 177-196.